广东教育学会中小学阅读研究专业委员会

推荐阅读

物理学科素养阅读丛书

丛书主编　赵长林　　　　丛书执行主编　李朝明

物理学中的实验

李玉峰　余建刚　李才强　等著

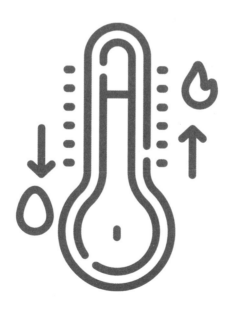

SPM 南方传媒

全国优秀出版社
全国百佳图书出版单位
广东教育出版社

·广 州·

图书在版编目（CIP）数据

物理学中的实验 / 李玉峰等著 . — 广州：广东教育出版社，
2024.3
（物理学科素养阅读丛书 / 赵长林主编）
ISBN 978-7-5548-4779-4

Ⅰ . ①物… Ⅱ . ①李… Ⅲ . ①物理学—实验 Ⅳ . ① O4-33

中国版本图书馆 CIP 数据核字（2021）第 271806 号

物理学中的实验

WULIXUE ZHONG DE SHIYAN

出 版 人：朱文清
策 划 人：李世豪　唐俊杰
责任编辑：唐俊杰　付　健
责任技编：余志军
装帧设计：陈宇丹　彭　力
责任校对：邓丽藤　黄　颖
出版发行：广东教育出版社
　　　　　（广州市环市东路472号12-15楼　邮政编码：510075）
销售热线：020-87615809
网　　址：http://www.gjs.cn
E-mail：gjs-quality@nfcb.com.cn
经　　销：广东新华发行集团股份有限公司
印　　刷：广州市岭美文化科技有限公司印刷
　　　　　（广州市荔湾区花地大道南海南工商贸易区A幢）
规　　格：787 mm×980 mm　1/16
印　　张：13
字　　数：260千字
版　　次：2024年3月第1版　2024年3月第1次印刷
定　　价：52.00元

若发现因印装质量问题影响阅读，请与本社联系调换（电话：020-87613102）

总序

学习物理的门径

由赵长林教授担任丛书主编的"物理学科素养阅读丛书",述及与中学物理课程密切相关的物理学中的假说、模型、基本物理量、常量、实验、思想实验、悖论与佯谬、前沿科学与技术等方面。丛书定位准确,视野开阔,既有深入的介绍分析,也有进一步的提炼、概括和提高,还从不同的视点,比如说科学哲学或逻辑学的角度进行解读,对理解物理学科的知识体系,进而形成科学的自然观和世界观,发展科学思维和探究能力,融合科学、技术和工程于一体,养成科学的态度和可持续发展的责任感有很大的帮助。丛书文字既深入严谨又通俗易懂,是一套适合学生的学科阅读读物。

丛书的第一个特点是突出了物理学的思想方法。

物理学对于人类的重大贡献之一就在于它在科学探索的过程中逐步形成了一套理性的、严谨的思想方法。在物理学的思想方法形成之前，人们不是从实际出发去认识世界，而是从主观的臆想或者神学的主张出发建立起一套唯心的理论，也不要求理论通过实践来检验。物理学推翻了这种以主观臆测和神学主张为基础的思想方法，在探究自然的过程中开展广泛而细致的观察，在观察的基础上通过理性的归纳形成物理概念，再配合以精确的测量，将物理概念加以量化，进一步探索研究量化的物理规律，形成物理学的理论体系。这种方法将抽象的、形而上的理论与具象的、形而下的实践联系起来，成为人类认识和理解自然界物质运动变化规律的有力武器。物理学的思想方法非常丰富，包含了三个不同的层次。第一是最普遍的哲学方法，如：用守恒的观点去研究物质运动的方法，追求科学定律的简约性等；第二是通用的科学研究方法，如：观察、实验、抽象、归纳、演绎等经验科学方法；第三是专门化的特殊研究方法，即物理学科的规律、知识所构成的特殊方法，如光谱分析法等。物理学方法既包括高度抽象的思辨和具象实际的观察测量，也包括海阔天空的想象。物理学家在长期的科学探索活动中，形成科学知识并且不断地改变人类认识世界的方法，从物理学基本的立场观点到对事物和现象的抽象或逻辑判断，再到一些特有的方法和技巧，这些都是人类赖以不断发展进步的途径。因此，物理学的思想方法就不仅涉及自然，还涉及人和自然的相互作用与对人本身的认识。抓住物理的思想方法，不仅有利于深入理解物理学的知识体系，还有利于形成科学的自然观和世界观，达到立德树人的目标。

丛书的第二个特点是注意引发学生的学习欲望，从而进行深度学习。

现代教育心理学研究告诉我们，在学校环境下学生的学习过程有两个特点①：第一，学生的学习和学生本身是不可分离的。这就是说，在具体的学习情境中，纯粹抽象的"学习"是不存在或不可能发生的，存在的只是具体某个学生的学习，如"同学甲的学习"或"同学乙的学习"。第二，学生所采取的学习策略与学习动机是两位一体的，有什么样的动机，就会采取与之相匹配的学习策略，这种匹配的"动机–策略"称为学习方式。也就是说，如果同学甲对所学的内容没有求知的欲望或不感兴趣，那他在学习时就会采取被动应付的态度和马虎了事的策略，对所学内容不求甚解、死记硬背，或根本放弃学习。相反，如果同学乙有强烈的学习欲望或对学习内容有浓厚的兴趣，他就会深入地探究所学内容的含义，理解各种有

① BIGGS J, WATKINS D. Classroom learning: educational psychology for Asian teacher [M]. Singapore: Prentice Hall, 1995.

关内容之间的关系，逐步了解和掌握相关的学习与探究的方法。第一种（同学甲）的学习方式是表层式的学习，第二种（同学乙）的学习方式是深层式的学习。此外，在东亚文化圈的学生中还大量存在着第三种学习方式——成就式的学习，即学生对学习的内容本来没有兴趣和欲望，但为学习的结果（如考试分数）带来的好处所驱动，会采取一些能够获得好成绩的策略（如努力地多做练习题）。在同一个学校、同一间课室里学习的学生，由于他们的动机和策略，也就是学习方式的不同，产生了不同的学习效果。当然，效果还与学生的元认知水平及天资有关。本丛书的作者有意识地提倡深度（深层次）的阅读，书中的大部分内容以问题为引子，用历史故事或相互矛盾的现象，引发读者的好奇，再按照物理发现的思路逐步引导读者探究问题。在这一过程中，注意点明探究和解决问题遵循的思路和方法，达到引导读者进行深度学习的目的。

丛书的第三个特点在于详细、深入、系统地介绍对启迪物理思维有重要作用的相关知识，注意通过知识培养素养。

有的人也许会问，今天的教育是以培养和发展学生的科学素养为核心，知识学习是次要的，有必要花那么多时间来学习知识吗？这种观点是片面和错误的。物理学的成就首先就表现为一个以严谨的框架组织起来的概念体系。如果对物理学的知识体系没有基本和必要的了解，就无法理解物理，无法按照科学的方法去思考和探究。确实，物理学知识浩如烟海，一个人即使穷其毕生之力也只能了解其中的一小部分，就算积累了不少物理知识，但如果不能抓住将知识组织起来的脉络和纲领，得到的也只是一些孤立的知识碎片，不能构成对物理学的整体的理解。然而，物理学的知识又是系统而严谨的。每一个概念以及概念之间的关系都有牢固的现实基础和逻辑依据，从简单到复杂，从宏观到微观，从低速到高速，步步为营，相互贯通，反映了现实世界的"真实"。物理知识是纷繁复杂的，也是简要和谐的。只要抓住了物理知识体系的纲领脉络，就能够化繁为简，找到通往知识顶峰的道路，以理解现实的世界，创造美好的未来，这也是物理学对人类的最大贡献之一。况且，物理学的思想方法是隐含在物理知识的背后，隐含在探索获取知识的过程之中的。对物理学知识一无所知，就不可能了解物理学的思想方法；不亲历知识探索的过程，就不可能掌握物理学的思想方法。学习物理知识是认识、理解、运用物理思想方法的必由之路，也是形成物理科学素养的坚实基础。因此，本丛书在介绍物理学知识中，一是介绍物理学思想方法，帮助读者构建

物理学知识体系和形成物理思维，对于培养物理学科素养很有裨益；二是扩大读者的视野，打开读者的眼界，不仅从纵向说明物理学的历史进展，介绍物理学的最新发展、物理学与技术和工程的结合，更重要的是联系科学发展的文化背景、科学与社会之间的互动与促进，认识物理学的发展在转变人的思想、行为习惯和价值观念方面的作用，体会"科学是一种在历史上起推动作用的、革命的力量"①，"把科学首先看成是历史发展的有力杠杆，看成是最高意义上的革命力量"②。

　　课改二十年过去了。一代又一代人躬身课程与教学研究，探寻、谋变、改革、创新交相呼应。本丛书是这段旅程的部分精彩呈现，相信一定会受到读者欢迎，在"立德树人"的教育实践中发挥它的应有之义。

高凌飚

2023年于羊城

---

　　① 马克思，恩格斯. 马克思恩格斯全集：第19卷［M］. 北京：人民出版社，1963：375.

　　② 马克思，恩格斯. 马克思恩格斯全集：第19卷［M］. 北京：人民出版社，1963：372.

前言

洞察物理之窗

相对于其他自然科学来说，物理学研究的内容是自然界最基本的，它是支撑其他自然科学研究和应用技术研究的基础学科。物理学进化史上的每一次重大革命，毫无疑义都给人们带来对世界认识图景的重大改变，并由此而产生新思想、新技术和新发明，不仅推动哲学和其他自然科学的发展，而且物理学本身还孕育出新的学科分支和技术门类。从历史上的诺贝尔奖统计情况来看，物理学与其他学科相比，获奖的人数占比更大，从一个侧面说明了这一点。我国新高考方案发布后，物理学科在中学的学科教学地位得以凸显，也正是应验了物理学科特殊的地位。

试举一例。

人们对物质结构的认识，最早始自古希腊时代的"原子说"，这个学说的创始人是德谟克利特和他的老师留基伯。他们都认为万物皆由大量不可分割的微小粒子组成，"原子"之意即在于此。德谟克利特认为，这些原子具有不同的性质，也就是说，在自然界同时存在各种各样性质不同的原子。他的"原子说"虽然粗浅，但现在仍能用来解释固体、液体和气体的某些物理现象。到了17世纪，人们的认识不再囿于纯粹的思辨和假说，各种实验、发现和发明纷至沓来。1661年，英国的物理学家和化学家玻意耳在实验的基础上提出"元素"的概念，认为"组成复杂物体的最简单物质，或在分解复杂物体时所能得到的最简单物质，就是元素"。现在化学史家们把1661年作为近代化学的开始年代，因为这一年玻意耳编写的《怀疑派化学家》一书的出版对后来化学科学的发展产生了重大而深远的影响。玻意耳因此还成为化学科学的开山祖师、近代化学的奠基人。玻意耳认为物质是由各种元素组成的，这个含义与我们现在的理解是一样的。至今我们已经找到了100多种构成物质的元素，列明在化学元素周期表上。

把原子、元素概念严格区别开来，提出"原子分子学说"的是道尔顿和阿伏加德罗。道尔顿认为，同种元素的原子都是相同的。在物质发生变化时，一种原子可以和另一种原子结合。阿伏加德罗把结合后的"复合原子"称作"分子"，认为分子是组成物质的最小单元，它与物质大量存在时所具有的性质相同。

到了19世纪中叶，有关原子、元素和分子的概念已被人们普遍接受，这为进一步研究物质结构打下了坚实的基础。

19世纪末，物理学家们立足于对电学的研究，不断思考物质结构的问题。最引人注目的发现主要有：德国物理学家伦琴利用阴极射线管进行科学研究时发现X射线；法国物理学家贝可勒尔发现了天然放射性；英国物理学家汤姆孙发现了电子。这三个重大发现在前后三年时间内完成，原子的"不可分割性"从此寿终正寝，科学家的思维开始进入原子内部。

迈入20世纪后的短短几十年间，物理学家对原子结构的探索可谓精彩纷呈，质子、中子、中微子、负电子等多种粒子的发现，不仅证实了原子的组成，而且还证实了原子是能够转变的！在伴随着科学家绘制的全新原子世界图景里，能量子、光量子、物质波、波粒二象性、不确定关系等这些与物质结构联系在一起的概念已经让人们对自然世界有了颠覆性认识！

以上是从物理学家对物质结构探索这个基本方面梳理出的一个大致脉络。循着这条线索，我们能感受到物理学在自然科学研究中所产生的强大推动力。物理学研究自然界最基本的东西还有很多方面，比如时间和空间的问题等，有兴趣的读者不妨仿照以上方式进行梳理。正是物理学对自然界这些最基本问题的不

断探索所形成的自然观、世界观、方法论，引领其他自然科学的发展，对科学技术进步、生产力发展乃至整个人类文明都产生了极其深刻的影响。在这里，尤其要提到的是，以量子物理、相对论为基础的现代物理学，已经广泛渗透到各个学科和技术研究领域，成就了我们今天的生活方式。

接下来谈谈物理学的基本研究思路体系，请看图1：

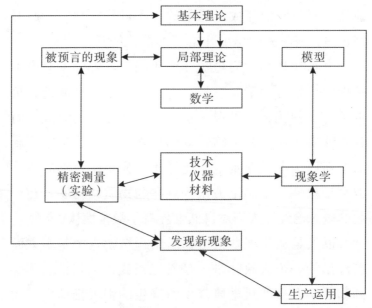

图1　物理学基本研究思路体系示意图

如果我们把这个体系看成是一个活的有机体，每个方框代表这个有机体的一个"器官"，想象一下这个有机体的生存和发展，还是很有趣的。在这个体系中，各个不同的部分互相依存，它们代表着复杂的相互作用系统，并随着时间而进化。如果切除某个"器官"，这个有机体就难以存活下去。对这种比喻性的理解，有助于我们看清物理学的基本研究思路体系的本来面目并加以重视。在理论方面，你也许会想起牛顿、麦克斯韦、爱因斯坦；在实验方面，你也许会想起伽利略、法拉第、卢瑟福；在数学方面，你也许会想起欧几里得、黎曼、希尔伯特。无论你从哪个"器官"想起谁，都会感受到这些科学家在源源不断地通过这些"器官"向这个有机体输送营养，也许未来的你也会是其中的一个。

现在，中学物理课程和教材体系基本上依照上述体系构成。为了强化对这个体系的理解，在这里有必要强调一下理论和实验（测量）的问题。二者构成物理学的基本组成部分，它们之间是对立与统一的关系。理论是在实验提供的经验材料基础上进行思维建构的结果，实验是在理论指导下，在问题的启发下，有目的地寻求验证和发现的实践活动。理论和实验发生矛盾时，就意味着物理学的进化，矛盾尖锐时，就意味着理论将有新的突破，表现为物理学的"自我革命"。一个经典的事例就是发生在20世纪之交物理学上空的"两朵乌云"〔英国著名物理学家威廉·汤

姆孙〔开尔文勋爵）之语〕。他所说的"第一朵乌云"，主要是指迈克耳孙－莫雷实验结果和以太漂移说相矛盾；"第二朵乌云"主要是指热学中的能量均分定理在气体比热以及热辐射能谱的理论解释中得出与实验数据不相符的结果，其中尤其以黑体辐射理论出现的"紫外灾难"最为突出。正是这"两朵乌云"，导致了现代物理学的诞生。但是从物理学的发展历史来看，我们绝不可因此否认进化对物理学发展的重大意义。实际上，正是由于如第4页图中所展示出来各要素之间的相互作用，物理学才会处于进化与自我革命的辩证发展中。

上面谈及的两个方面可以说是引领你进入物理学之门的准备知识，希望因此引起你对物理学的好奇，进而学习物理的兴趣日渐浓厚。要系统掌握物理学，具备今后从事物理学研究或相关工作的关键能力和必备品格，我们必须借助物理教材。教材是非常重要的启蒙文本，它是根据国家发布的课程方案和课程标准来编制的，大的目标是促进学生全面且有个性的发展，为学生适应社会生活、职业发展和高等教育作准备，为学生的终身发展奠定基础。现在的物理教材非常注重学科核心素养的培养，主要体现在物理观念、科学思维、科学探究、科学态度与责任四个方面。在这四个方面中，科学思维直接辐射、影响着其他三个方面的习得，它是基于经验事实建构物理模型的抽象概括过程，是分析综合、推理论证等方法在科学领域的具体运用，是基于事实证据和科学推理对不同观点和结论提出质疑和批判，进行检验和修正，进而提出创造性见解的能力与品格。科学思维涉及的这几个方面在物理学家们的研究工作中也表现得淋漓尽致。麦克斯韦是经典电磁理论的集大成者。他总结了从奥斯特到法拉第的工作，以安培定律、法拉第电磁感应定律和他自己引入的位移电流模型为基础，运用类比和数学分析的方法建立起麦克斯韦方程组，预言电磁波的存在，证实光也是一种电磁波，从而把电、磁、光等现象统一起来，实现了物理学上的第二次大综合。在这里，我们引用麦克斯韦的一段原话来加以注脚和说明是合适的：

> 为了不用物理理论而得到物理思想，我们必须熟悉物理类比的存在。所谓物理类比，我指的是一种科学的定律与另一种科学的定律之间的部分相似性，它使得这两种科学可以互相说明。于是，所有数学科学都是建立在物理学定律与数的定律的关系上，因而精密的科学的目的，就是把自然界的问题简化为通过数的运算来确定各个量。从最普遍的类比过渡到部分类比，我们就可以在两种不同的产生光的物理理论的现象之间找到数学形式的相似性。

这几年，我和粤教版国标高中物理教材的编写与出版打起了交道。在工作中深感教材编写工作责任重大，在教材中落实好学科核心素养并不是一件容易的事情。作为编写者，必须对物理学的世界图景独具慧眼，尽可能做到让学生"窥一斑而知全豹，处一隅而观全局"，还要有"众里寻他千百度，蓦然回首，那人却在灯火阑珊处"的感悟。渐渐地，我心中萌生起以物理教材为支点，为学生编写一套物理学科素养阅读丛书的想法。经过与我的同门学友、德州学院校长赵长林教授充分探讨后，我们将选材视角放在了物理教材涉及的比较重要的关键词上——七个基本物理量、假说、模型、实验、思想实验、常量、悖论与佯谬、前沿科学与技术，试图通过物理学的这些"窗口"让学生跟随物理学家们的足迹，领略物理学的风景，从历史与发展的角度去追寻物理学科核心素养的源泉。这些想法很快得到了来自高校的年轻学者和中学一线名师的积极呼应，他们纷纷表示，这是一个对当前中学物理学科教学"功德无量"的出版工程，非常值得去做，而且要做到最好。令我感动的是，自愿参加这个项目写作的作者经常在工作之余和我探讨写作方案，数易其稿，遇到困惑时还买来各种书籍学习参考。最值得我高兴的是，赵长林教授欣然应允我的邀约，担任丛书主编，在学术上为本丛书把脉。在本丛书即将付梓之时，我代表丛书主编对这个编写团队中相识的和还未曾谋面的各位作者表示衷心的感谢，对大家的辛勤劳动和付出致以崇高的敬意！

本丛书的出版得到了广东教育学会中小学生阅读研究专业委员会和广东省中学物理教师们的大力支持，在此一并致谢！

李朝明

2023年11月

目录

导言

从实验中产生的物理学

物理学是一门以实验为基础的自然科学。物理学的理论或假说来源于物理学家的观察、实验和思考，物理学理论中的结论都要经过实验的检验，以判断是否正确，因此可以说没有实验就没有物理学。下面将从物理学的特点、物理实验在物理发展中地位与作用等方面，探讨实验与物理之间的密切关系。

一、物理学的特点

物理学是研究自然界物质运动的一般规律和物质基本结构的科学，基于观察与实验、物理模型、应用数学等工具，通过科学推理和论证，形成系统的研究方法和理论体系。物理学在发展过程中形成了如下特点：①实践性。观察、实验是物理学的基础，一切科学理论都应以实践检验为标准。②简明的结构性。物理学以概念为基础，以规律为主干，有着简明的逻辑体系。③精确性。物理学把物理概念加以量化而成为物理量，利用数学来描述，并达到定量应用的水平。

二、物理实验在物理学发展中的地位

物理学的发展经历了从古代物理学时期（萌芽时期）到经典物理学时期再到现代物理学时期的阶段，物理实验方法的科学性逐步提高，实验对物理学的巨大推动作用逐步显现。

（一）古代物理学时期

大约公元前八世纪至公元十七世纪，中国与希腊形成了东西方两个科技发展中心，科学以经验科学的形态从生产劳动中分离出来。这一时期的物理学是"自然哲学"的重要组成部分，人们主要是根据对自然现象、生产生活的观察以及简单粗糙的实验，直觉地、笼统地去把握物理现象的一般特性，物理学基本上还处于对现象的描述、经验的简单总结和思辨性的猜测阶段。

在古代物理学的发展中，中外物理学先驱者们进行的大量工作，从系统地观测和记录，在人为条件下重复物理现象、确定量度标准和仪器、制造实验和观测仪器等方面来看，都可称之为物理实验。其中，阿基米德的浮力实验、托勒密的光学折射实验、赵友钦的小孔成像实验等，甚至可被称为有重要意义的物理实验。

在这一时期，物理实验有以下特点：①实验零星，没有形成系统；②定量实验较少，定性实验较多；③大多数实验局限于现象的描述或一般的解释，没有进行归纳而形成系统的理论；④没有用实验来检验已有的理论。

由此可见，古代物理学中的实验方法和科学思想水平还是比较低的，因此，古代物理学还没有走上近现代科学的道路。

（二）经典物理学时期

经典物理学诞生于17世纪的文艺复兴和科学革命时期，历经从17世纪到19世纪末的发展，达到了比较完整和成熟的状态。在经典物理学的发展过程中，经典物理实验起到了很大的推动和促进作用，以伽利略为代表的一大批杰出的科学家，把实验方法与物理规律的研究结合起来，对物理学的发展做出了划时代的贡献。具体有以下四点贡献。

1. 形成近代科学研究方法。伽利略把实验与数学结合起来，既注意逻辑推理，又依靠实验协助，构成了一套完整的科学研究方法。其程序大致如图1所示：

图1　物理学的科学研究方法流程图

其中，实验检验包括物理的（实际的）及思想的实验检验，形成的理论包括对假设进行的修正和推广。

2. 在实验中抛开一些次要因素，抓主要问题。既要力求使实验条件尽可能符合数学要求，以便获得超越这一实验本身的特殊条件的认识，又要设法改变实验测量的条件。如：物体下落时不考虑空气阻力；进行斜面实验，把物体自由下落的时间"放大"，以便在当时的技术条件下能够测量等。

3. 用实验去验证理论。伽利略认为科学实验是为了证明理论概念（或观察规律）而去做的，不应该是盲目的、无计划的；而理论（数学）又必须服从实验检验。

4. 把实验与理论联系起来。伽利略在实验的基础上，进行理论的演绎和逻辑的推理，可得出越过实验本身的、更为普遍的理论结论。他认为，实验可以用来决定一些原理，并作为演绎方法的出发点。

伽利略把科学的实验方法发展到了一个全新的高度，使物理学走上了真正科学的道路，从此开始了物理学的新时代。

（三）现代物理时期

19世纪末，正当物理学家庆贺物理学大厦落成之际，物理学实验却发现了许多经典物理理论无法解释的事实。其中，电子、X射线和放射性现象的发现具有根本性意义，被称为19世纪与20世纪之交物理学的三大发现。这些事实与经典物理理论产生了矛盾，从而引起了物理学的革命，导致了现代物理学的诞生。通过归纳总结发现，现代物理实验有以下一些特点和趋势。

1. 实验与物理理论紧密地结合，成为相互依赖和不可分割的结合体。物理实验需要理论（包括实验理论）的指导，在理论的预测和条件范围内去进行，而不是无的放矢。

2. 实验需要先进的技术和仪器设备。常规的仪器设备和简单的方法已不能满足当代探索物理世界的需求，物理学要探索更细微的结构、更远的距离、更短的时间、更大或更小的压强、更高或更低的温度等，这些需要实验具有更高的精确度，也需要更先进的技术和仪器设备。

3. 物理实验方法与其他学科的结合和向其他学科的渗透，使得新的实验方法和技术更快地在多种应用领域推广使用。

4. 当代前沿的物理实验往往是大规模的、合作的、综合的工程。它的设计、建设和使用需要各方面的科学家和工程技术人员共同合作完成。另外，还需要有许多辅助的和配套的工作，最前沿的科学实验还需要国际合作。如Belle Ⅱ实验是运行在日本高能加速器研究机构（KEK）的大型高能物理实验，Belle Ⅱ合作组聚集了全世界26个国家和地区共115个研究单位的1000余名物理学家，从事标准模型的精确检验及新物理的寻找等开放性前沿课题的研究。

5. 建立和利用空间实验室，充分利用外太空高真空、无污染、失重等天然有利条件。

三、物理实验在物理学发展中的作用

从物理学的发展进程来看，物理实验既是物理学的基础，也是物理学发展的动力之一，在物理学发展中发挥着如下的作用：

（一）发现新事物和探索新规律

在经典物理发展中，伽利略的斜面实验、胡克的弹性实验、玻意耳的空气压缩实验等都为经典力学提供了实验事实，并在此基础上发现了新规律。在电学方面，库仑定律、欧姆定律、法拉第电解定律和电磁感应定律等的发现，无一不是通过大量的实验结果归纳和总结出来的。在光学方面，光的干涉、衍射、偏振等现象也是首先在实验中发现的。这一切都说明了实验成为物理学发展的基础。

（二）验证理论

理论是物理学的核心，理论是否正确必须接受实验的检验。实验的结果可以证实或证伪理论。比如：麦克斯韦的电磁场理论只有当预言的电磁波被赫兹的实验证实后才真正成为电磁理论的基础，爱因斯坦的光量子假说被1916年的密立根光电效应实验证实后，光的波粒二象性才被人们接受；德布罗意的物质波假说也是在发现了电子衍射后得到肯定的。理论有一定的适用范围，这个范围往往也需要由实验在检验理论的过程中来确定。

（三）测定常数

物理学中的常数有两类。一类是物质常数，如比热、电阻率、折射率等，这些常数在一定条件下会随某一因素而改变。另一类是基本常数，它是物理学中的普适常数，如真空中的光速、元电荷、普朗克常数等。

在物理学中，大量的实验是围绕常数进行的，特别是基本常数的研究和确定，在物理学的发展史上占有极其重要的地位。例如，万有引力常数的数值，从牛顿发现万有引力定律以来一直是人们不断测量的对象。

常数之间的协调是检验物理理论的重要途径。基本物理常数的协调不仅是物理学也是科学技术的重大问题，因为每次协调都是在大量实验、取得众多新的研究成果的基础上做出的。例如，光速现在是测得最准的基本物理常数之一。1983年第17届国际计量大会决定以"光在真空中于$\dfrac{1}{2\,9979\,2458}$秒内行进的距离"作为"米"的新定义，这样就从根本上免去了长度单位的物质基准。

（四）推广应用

现代社会的许多技术，如蒸汽技术、电工和电子技术，都离不开实验。各种发明创造，都是经过大量的实验研究才日臻完善的。光谱学、激光、核磁共振、穆斯堡尔谱学、超导器件等都凝聚了实验物理学家的心血。

总之，实验在物理学的发展中发挥了巨大的作用。特别要指出的是，作为物理科学的最高荣誉——诺贝尔物理学奖从1901—1992年共有140位获奖者，其中因实验而获奖的科学家就有103人，约占74%。丁肇中教授在1976年荣获诺贝尔物理学奖时所写的一封信中说："事实上，自然科学理论离不开实验的基础。特别是物理学是从实验中产生的。"

四、实验与其他物理学研究方法

（一）实验与观察

实验和观察是人类特殊的认知活动，在人类认识自然的过程中有着特殊的认识论意义。

实验和观察是适应自然科学，出于探索自然的需要而产生并为自然科学的研究服务的，作为认识手段包含在自然科学的研究过程中，正如科学史研究者丹皮尔在1958年出版的《科学史》中所说，"观察和实验既是理性的起点，也是最后的裁判"，实验和观察作为自然科学认识的来源和检验真理的标准，起着至关重要的作用。

1. 共同点。实验和观察是一种感性活动，人们通过实验和观察来感知自然界的对象和现象，而且是有目的和有选择地去感知我们需要的东西，为科学研究提供事实基础。在实验和观察中都可以使用仪器，仪器是人们感官的延伸，能够感知人类感官所不能直接感受的对象和现象。

2. 区别。观察是为了科学研究的某一目的，有计划、有选择和能动地对自然条件下所发生的某种特定过程或现象，做出系统和仔细的考察。观察的主要对象是自然条件下的物理过程和现象，整个过程不进行人工的干预。

实验是在人工控制的条件下复制或模拟自然现象并在实验过程中干预现象的过程。其主要优点有：①实验能使我们得到在自然条件下遇不到的现象和条件，从而提高实验认识，比如借助实验，产生接近绝对零度的超低温，研究超导现象；②人为控制和人为创造实验条件来加速或延缓自然界现象的过程，可以使我们能够对这些过程进行仔细地观察和研究；③由于人为控制和人为改变现象发生的条件，干预现象的进程能够很好地暴露现象中各种内在和外在因素之间的互相联系，从而比较容易认识和把握对象；④使现象在纯粹的形态下表现出来，排除自然条件下的干扰；⑤根据需要多次重复某一现象，而不需要在自然条件下寻找和等待。运用实验往往需要满足两个条件：第一，所研究的对象和现象的性质有可能进行复制；第二，已经事先具备了相应的知识，能够对相关的现象进行复制。

（二）实验与测量

测量是指在物理学中利用各种仪器、仪表确定物理量数值，是对非量化事物的量化过程，也就是被测物理量与体现计量单位的标准量的比较过程。测量包含四要素：测量的客体、计量单位、测量方法、测量精度。

1. 测量的客体：即测量对象，物理学中的测量对象包括长度、面积、体积、角度、时间、温度、速度、功、能、电

流、电压、电阻、电功率、光照强度、电场强度等物理量。

2．计量单位：根据2018年10月26日修订的《中华人民共和国计量法》第三条规定，"国家实行法定计量单位制度。国际单位制计量单位和国家选定的其他计量单位，为国家法定计量单位"。国际单位制（SI）中的七个基本量及其单位如表1所示：

表1　七个基本量及单位

物理量	单位
长度	米（Metre）
质量	千克（Kilogram）
时间	秒（Second）
温度	开尔文（Kelvin）
电流	安培（Ampere）
发光强度	坎德拉（Candela）
物质的量	摩尔（Mole）

3．测量方法：获得测量结果的方式，也就是测量时一组操作的逻辑顺序。

4．测量精度：测量结果与真实值的一致程度。测量精度与测量方法、测量工具、观测者的测量技能密切相关，同时也不能忽视周围环境对测量仪器及实验观测带来的影响，所以测量结果与客观存在的真实值之间总有一定误差。

物理量的测量是物理实验的基本方法。在物理实验中，总要进行大量的测量工作。测量包含两个必要的过程，一是对许多物理量进行检测；二是对测量的数据进行处理。在实验前，必须对所观测的对象进行分析研究，以确定测量方法和选择具有适当精度的测量仪器。在实验后，对测得的数据加以整理、归纳，用一定的方式（列表或图解）表示出它们之间的相互关系，并对实验结果给予合理的解释，做出正确判断。

（三）实验与理论

物理实验有两个最基本的目的：一是利用各种实验手段，观察或探索未加阐明的新事实材料，为物理理论的建立提供了事实基础；二是利用各种实验手段，判断或验证某些假说或科学理论，成为理论是否成立的判据。

实验与理论的关系在现代物理学的研究中更为密切。"实验—理论—实验—理论—实验……"是现代物理学发展的基本模式。现代物理理论对物理实验具有指导作用，它既影响着整个实验的方向，还直接影响实验的设计、方法以及对实验结果的分析。

1

重的物体
下落得快吗

—— 伽利略落体实验

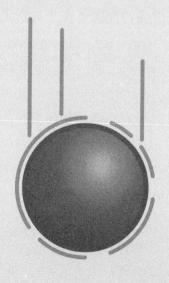

"重的物体下落得快"，这一结论似乎通过生活经验就可以发现：一根羽毛在下落时飘来飘去，而一颗石头则直直地坠落。但是经验的东西并不一定正确，需要去验证。物理学是一门自然科学。但物理学在萌芽之时并不能称为科学，其之所以能成为一门科学，要归功于伽利略。伽利略是如何让物理学成为一门科学的呢？在物理学成为一门科学之前，人们是如何研究自然现象的？要想揭开谜底，我们就要回到两千年前，回到亚里士多德和伽利略的身边，回到两位伟人对看似平常的落体运动的观察、思考、论证和表达里面。

1.1　运动研究的历史

人类认知物质世界规律的起点是什么呢？是运动。现在我们知道，世界是物质的，物质是运动的，运动是物质的固有属性。想象一下，当人类先祖睁开眼睛，看到的就是风吹草动，部落首领为了农耕要关注天象节气，所以运动是认识物质世界规律的起点。

"物体做什么样的运动"和"物体为什么运动"是同时产生于大脑的，甚至是结合在一起的。16世纪以前，古希腊学者亚里士多德认为重物的下落是物体的自然属性，物体越重，下落的自然倾向性也就越大，因此下落速度也就越快。由此产生了"物体下落速度与物体重量成正比"的观点。亚里士多德的运动理论有一定的合理成分，本应在论证中继续发展，但是被西方宗教用为"圣贤之言"不可触犯，这就给人的思想戴上了枷锁。

如何打破思想枷锁？是从揭示运动规律入手，还是从探寻运动本质入手? 采取什么方式去研究落体运动? 这一个个问题都需要有人破解。

1.2 对亚里士多德运动理论的质疑

伽利略在1638年写的《关于两门新科学的对话》一书中指出: 根据亚里士多德的论断, 一块大石头的下落速度要比一块小石头的下落速度大。假定大石头的下落速度为8, 小石头的下落速度为4, 当我们把两块石头拴在一起时, 一方面是下落快的会被下落慢的拖着而减慢, 下落慢的又会被下落快的拖着而加快, 结果整个系统的下落速度应该小于8且大于4; 另一方面, 因为两块石头拴在一起, 加起来比大石头还要重, 所以其下落速度应大于8。这样, 从重物体比轻物体下落得快的假设, 就推出了两种不同的结论。伽利略用归谬法证明了亚里士多德的观点是错误的, 他还做过高塔上的落体实验, 进一步驳斥亚里士多德的观点。

除伽利略以外, 法国人奥勒斯姆、葡萄牙人托马斯、牛津大学教授海特斯伯格等都对落体问题提出过正确见解, 甚至得到了$s = \frac{1}{2}gt^2$这一表达式。但他们都是根据一般观测推论得出来的结论, 均缺乏实验证明。

1.3 伽利略落体实验

在开始证明问题之前要有一个假设, 证明过程要围绕这个假设展开, 如果实验结论与假设相符, 假设被证实; 如果实验结论与假设不符, 假设被证伪。证伪的假设会被修改后再次提出, 实验也会被重新设计, 证实和证伪的故事会继续进行, 直至得到科学的结论。伽利略是要证明物体是以怎样的规律下落得越来越快。他提出的假设是"在相等的时间内速度的增加也相等，即运动是具有均匀加速度的运动"。伽利略提出这个假设的依据之一是来自观察，观察告诉他，重物在下落过程中运动得越来越快；另一个依据是科学家的浪漫主义，他认为重物下落是"由最简单、最明显的规则来决定的"。

确定了假设以后，需要证明的问题被确定为"如何证明下落物体的速度与时间成正比？"这其实也经历了一个过程：伽利略起初认为速度与位移成正比，即 $v \propto s$，后来通过逻辑推理得出这样的运动是荒谬的。最终伽利略转而提出速度与时间成正比，即 $v \propto t$。速度大小是难以直接测量的，伽利略借助于几何学的逻辑，推理得出如果证明了落体运动的距离 s 与运动时间的平方 t^2 成正比，也就证明了速度与时间成正比。伽利略还把这种运动中的不变量定义为加速度。

伽利略的开创精神还未结束。在完成了理论铺垫，进入到实验证明阶段后，又遇到了棘手问题：物体下落运动太快，导致运动距离和运动时间无法精确测量。1591年伽利略撰写了一本小册子《论运动》，其中着重研究了斜面上物体的平衡问题，同时也涉及物体沿斜面下滑的问题：为什么轨道越陡峭，物体下落越快？伽利略经过反复思考后认为，同一重量的物体用斜面提升比垂直提升要省力，反之，同一重物垂直下落要比沿斜面下滑具有"更大的力"，同时力的大小与斜面倾角成一定比例。因此可以用斜面来"冲淡"自由落体运动的作用力，达到加长运动距离、延缓运动时间的效果。在那个科学技术水平还比较落后的时代，用斜面来代替落体运动可以更为有效地研究其运动规律，也是伽利略科学智慧的一种表现。

伽利略斜面实验装置如图1-1所示，长木板约550 cm，宽约20 cm，木板中央刻有约10 cm的凹槽，反复打磨凹槽使之尽可能平直光滑。木板一端垫高约50 cm，使之略微倾斜一定角度，同时将一黄铜球打磨光滑用于实验。

图1-1　伽利略在做铜球沿斜面运动的实验（油画）

从伽利略大量手稿和著作来看，斜面实验应该是运用了两种不同的方法。一种是改变距离测量时间，记录铜球下滑全程以及全程的四分之三、三分之二、二分之一、四分之一等距离所用时间，研究空间距离与所用时间的关系，其中时间测量利用滴水法确定；另一种是改变时间测量距离，记录铜球下滑t、$2t$、$3t$等时间间隔内的距离（实验数据记录手稿如图1-2所示），研究下滑时间与空间距离的关系，其中单位时间t利用乐器节拍来确定。伽利略指出两种方法均可以表明，铜球沿斜面下滑距离与下滑时间平方成正比，同时适当增加斜面倾角重复实验，上述位移时间关系依然成立。因此伽利略将斜面运动规律合理推广至落体运动，当斜面倾角等于90°时依然满足位移与时间平方成正比的关系，即自由落体运动遵循匀加速运动规律。

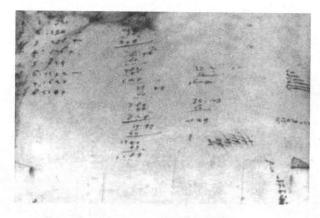

图1-2　伽利略的手稿

人们从图1-2所示的伽利略的实验手稿中找到了一些证据，证明他早年确曾做过斜面实验。第一位发现这一数据记录的是美国科学史家德雷克（S.Drake）。他注意到该手稿的右侧画有两个三角形，旁边是一些数字，似乎是匀加速运动的特征比例。虽然该手稿几经辗转已经略显模糊，但我们依稀可以在左上角看到如下数据：

1	1	32
4	2	130⁻
9	3	298⁺
16	4	526⁺
25	5	824
36	6	1192⁻
49	7	1600
64	8	2104

　　这三列数据中，最中间的一列是简单的整数"1、2、3、4、5、6、7、8"，代表不同的时间值；第三列的数据有几个地方加了"＋、－"号，似乎是伽利略在实验之后对数据作了修正；最左边一列数据"1、4、9、16、…、64"是简单整数的平方，更像是伽利略在实验后寻找规律时后加上去的。

　　伽利略关于落体运动的研究，促进了近代物理学的诞生。"重的物体下落快，轻的物体下落慢"是亚里士多德理论体系思维方式的典型表现。伽利略大胆摒弃了直觉观点，借助于实验和数学推理，突破理性与直觉认识的局限，拨开了人类认知发展的重重迷雾，实现人类科学认知思维方式的重要转变。

　　正如爱因斯坦所说："人的思维创造出一直在改变的宇宙图景，伽利略对科学的贡献就在于毁灭直觉的观点而用新的观点来代替它，这就是伽利略的发现的重要意义。"

1.4　近代科学实验奠基人——伽利略

　　伽利略·伽利雷（Galileo di Vincenzo Bonaulti de Galilei，1564—1642），意大利天文学家、物理学家和工程师、欧洲近代自然科学的创始人。伽利略被称为"观测天文学之父""现代物理学之父""科学方法之父""现代科学之父"。

图1-3　伽利略

　　1581年，17岁的伽利略进入比萨大学学习医学，但他却对数学、物理学等自然科学产生了浓厚的兴趣，后任教于比萨大学和帕多瓦大学。1610年辞去教职接受托斯卡纳大公的聘请，担任宫廷首席数学家和哲学家及比萨大学首席数学教授的荣誉职位。1632年出版《关于托勒密和哥白尼两大世界体系的对话》一书，这本书全面而系统地讨论了哥白尼日心体系和托勒密地心体系的各种分歧，并以伽利略自己的许多新研究成果和新阐释的惯性原理揭示了哥白尼体系的正确和托勒密体系的谬误。由于书中许多地方与教皇统治存在明显矛盾，他被宗教裁判所宣判为"异端"分子。此后，伽利略的余生都在软禁中度过。在软禁期间，他写下另一本著作《关于两门新科学的对话》，以对话体的形式讨论运动学和材料强度这两门新科学上的研究成果。

在天文方面，伽利略是利用望远镜观测天体并取得大量成果的第一位科学家。1609年，伽利略在知道荷兰人已有了望远镜后，自行创制了天文望远镜（后被称为伽利略望远镜），并用来观测天体，发现许多前所未见的天文现象。他发现能观测到的恒星数目随着望远镜倍率的增大而增加；银河是由无数个恒星组成的；月球表面有崎岖不平的现象并亲手绘制了第一幅月面图；金星的盈亏现象；木星的四个卫星。他还发现了太阳黑子，并且认为黑子是日面上的现象。这些发现开辟了天文学的新时代。

伽利略还是第一个把实验引进力学的科学家，他创立了研究自然科学的新方法，即以实验事实为根据并具有严密逻辑体系的近代科学。爱因斯坦曾这样评价他："伽利略的发现，以及他所用的科学推理方法，是人类思想史上最伟大的成就之一，而且标志着物理学的真正开端。"

（李才强）

2 气体压缩会怎样

——玻意耳定律的发现

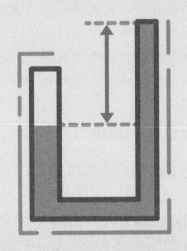

用力吹出一口气，我们能感受到空气的存在。把宽松的塑料袋扎紧，我们能感受到空气的力量。空气有什么用？没有空气会怎样？空气早早被人关注、思考和研究。你可能没有想到，对空气的研究是从"没有空气"——真空开始的。一段密封的空气，体积越小，对外展现的力量就越大；体积越大，对外展现的力量就越小。这是熟知的现象，也是在对真空的研究过程中发现的。对于空气性质的研究出现了力学定律之外的第一个物理定律，这个定律就叫玻意耳定律。

2.1　积累关于空气的知识

对"物质是由什么组成的"这一问题的思考促使人们对真空进行讨论。笛卡儿相信真空是不可能存在的，而玻意耳认为借助抽气机可以产生真空。空谈无济于事，实验决定一切。玻意耳于1659年在助手胡克的协助下，改进了真空泵，使其可以达到更高的真空程度，并利用其做了许多与真空相关的实验，发现了很多有趣的现象。比如在真空里，火焰会熄灭，生物会死亡，声音不能传播，磁力不会减弱，常温水会沸腾等等，从而积累了不少关于空气特性的知识。

2.2　玻意耳制造抽气机并做有关空气压强实验

玻意耳在助手胡克的帮助下，于1659年前后制造出了性能更好的真空泵，并做了大量的实验。例如，他曾将真空泵放在屋顶，水管放在地面的大水罐内，实验发现当水银气压计指示在29英寸（约76厘米）[①]时，水不可能被提升到33英尺（约

---

① 因不同时期英寸、英尺与厘米的换算关系略有不同，为与史实相符，本章内容均采用当时的换算关系。

10.4米）以上。他用实验论证了空气是有重量和弹性的；论证了空气对于燃烧、呼吸和传声是必不可少的；论证了压强对水的沸点的影响，提出了当周围的空气变得稀薄时常温状态的水就能沸腾起来的观点；论证了细管中液体的上升（即毛细现象）是和大气压力无关的，这与当时流行的观点截然相反；论证了真空中虹吸效应消失；研究了空气的比重、折射率等。

2.3 玻意耳–马略特实验

玻意耳将研究重点放在空气弹性的原因及其效应上。玻意耳对空气具有弹性有自己的解释：第一种解释是气体微粒是许多细小的弹性游丝；第二种解释是组成空气的微粒在热的搅扰下作旋涡运动，进而引起弹性。玻意耳的观点受到荷兰的利努斯[①]的攻击，利努斯反对玻意耳关于存在真空的论据，认为空气的作用不可能支持托里拆利管中的29英寸（约76厘米）水银柱。玻意耳决定用实验进行反驳。

玻意耳做了两臂长短不等的U形（虹吸）管，短的上端封住，附上标尺，并注入水银，使水银在两臂有同样高度。然后再注入水银直到封闭一侧的空气压缩到只有原来的一半，这时可以观察到U形管长臂中的水银比另一臂中高出29英寸。这说明"当空气的密度约为原来的2倍时，它就得到原来2倍强的弹性"。以后他又测量了一系列数据，把观察到的压强数值同"按压强与膨胀成反比的假设应有的压强"做比较，发现数值上的偏差不大。这就是理想气体状态方程中压强–体积（P–V）关系最初发表的形式。

---

① 研究科学的耶稣会神父。

当时的法国科学家也做了一个实验，他们制造了一个黄铜气缸，用力压下活塞，释放后活塞弹起，却回不到初始的位置。他们通过观察得出结论：气体是非完全弹性的，具有一定的塑性。玻意耳得知后认为，活塞没有回到初始位置的原因或许是摩擦力使然，于是，他开始着手研究空气是否是完全弹性的这一问题。对上述实验的关键改进就是如何消除摩擦，玻意耳的创意是使用水银，如图2-1（a）（b）所示，在U形管右侧加入水银，可见左侧密封的气体被压缩，玻意耳指出可将（b）中高度为h的水银视为负荷，而将其下方的水银视为一个"灵巧的活塞"，这样既不漏气，也不必考虑摩擦。然后再抽出之前加入的水银，气柱的体积便又恢复到初始的体积，如图（c）。这样，玻意耳就巧妙地证明了"空气是完全弹性的"这一观点。

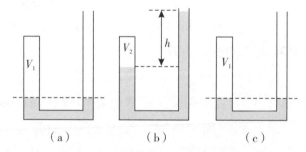

图2-1 玻意耳创意实验图

实验结束后，玻意耳的助手卡尔德在整理数据时发现："如果在水银柱的液面差h的基础上再加上大气压对应的水银柱高度h_0，那么似乎密闭气柱的体积V就与$h+h_0$成反比。"玻意耳欣然接受了卡尔德的假设，并进一步通过实验验证了该结论。

值得说明的是，另一个人也在关注托里拆利实验，他就是法国物理学家——马略特（Edme Mariotte，1620—1684）。马略特思考到：倘若托里拆利实验中没有把水银装满会怎样呢？马略特进行了如图2-2所示的实验。14.5英寸等于380毫米（一个大气压可支撑的水银高度为760毫米），因此马略特发现当气压减半时，密闭气体的体积会加倍。通过大量的实验，马略特得到了和玻意耳相同的结论。1676年，马略特在论文《论空气的性质》中公布了以上发现。马略特还明确地指出了温度不变是该定律的适用条件，定律的表述也比玻意耳的完整，实验数据也更令人信服，因此这一定律后被称为玻意耳－马略特定律。

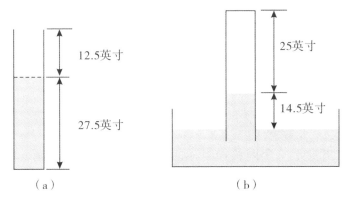

图2-2 马略特实验

2.4 人类历史上第一个被发现的"定律"

1662年，玻意耳发表《关于空气的弹性和重量学说的答辩》一书，向世人宣告了"密闭气体的压强与体积成反比"。玻意耳定律是物理学史上除力学定律之外的第一个定律，玻意耳富有诗意地将该规律称为"空气的弹性定律"。

2.5　实验方法研究自然的先驱——玻意耳

玻意耳（Robert Boyle，1627—1691），英国人，生活的时期约在伽利略、牛顿之间，是化学科学的奠基者之一，也是用实验方法研究自然的一位先驱者。

图2-3　玻意耳

他出身于一个因移民爱尔兰而发家的大贵族家庭，幼年时就学会了法语、拉丁语，周游了欧洲大陆各地，17岁回国，开始致力于研究科学。当时正值英国资产阶级革命战争时期，伦敦有一批提倡新思想，热衷于"实验哲学"的学者、医生经常在格雷山姆学院聚会探讨科学问题，后来被人称为"无形学院"。玻意耳也加入其中，成为他们中间的一个重要代表。1660年他们推动成立了"以促进自然知识为宗旨"的英国皇家学会，玻意耳也成为最早的理事之一。1654年他在牛津建立了一个实验室，有几个助手协助他工作，著名的物理学家胡克当时就曾是他的化学助手之一。除了发现气体定律外，他在物理上还有许多其他贡献，如发现声音的传播是以空气为介质的，对水在结冰时的膨胀力、比重和折射率，以及晶体、电学、颜色、流体静力学等也都做过研究。

他也研究过生理学，考察过空气对动物生命的作用。但他最喜爱的研究领域还是化学。他要求化学应建立在大量实验观察的基础上，特别要求对化学变化作定量研究。1661年发表了他的代表作《怀疑派化学家》，竭力主张机械论的微粒说，而反对亚里士多德的四元论和帕拉塞尔斯的盐、硫、汞三元说，他认为物质最终是由原始粒子聚合而成的微粒所组成，各种物质的区别来源于原始粒子的数量、位置和运动的不同。在化学研究中，他还区分了混合物与化合物，研究了燃烧过程，发明了金属煅烧以及酸碱指示的方法。革命导师马克思、恩格斯赞誉称"玻意耳把化学确立为科学"。正因为玻意耳的开拓性研究，化学才成为一门有别于炼金术或制药学的科学。

（李才强）

3

自光是
自色的吗

——光的色散实验

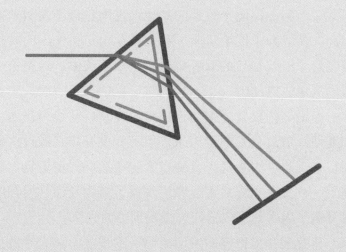

在瀑布前或在下雨后，我们会看到美丽的彩虹，通过对自然界的现象——虹的研究，人们认识了光的色散现象。中国在明代以前就已经对色散现象有了比较全面的认识，阳光照射水滴、孔雀羽毛、昆虫外壳、云母片等，可以展现出多种颜色的光。在牛顿之前，欧洲人关于颜色的认识主要源于亚里士多德的观点，即认为颜色是一种人的主观感觉，一切颜色都是光明与黑暗、黑与白按照不同比例混合的结果。牛顿在1666年最先利用三棱镜观测到光的色散，把白光分解为彩色光带，发现不同色光有不同的折射性能，为颜色理论奠定了基础。

3.1　时代背景

光学是物理学最古老的基础学科之一。到了近代，随着望远镜、显微镜的制造，几何光学出现转折性的发展。

光学仪器制造在17世纪的最大成就是望远镜、显微镜的发明。17世纪初期，荷兰的一位眼镜商汉斯·利伯希最先申请了望远镜专利，但同一时期的其他人也声称自己发明了望远镜，因此，荷兰并未授予汉斯·利伯希发明专利权。1609年，伽利略制造了一架40倍的双镜望远镜来观察天体，这是第一部投入科学应用的望远镜。

而最早的显微镜则是在16世纪末期就已经由汉斯·利伯希和亚斯·詹森分别制造出来，但都并没有用其做过重要观察，所以未引起世人重视。直到17世纪中后期，罗伯特·胡克和安东尼·列文虎克先后用显微镜观察了植物及动物的细胞结构，才开创了人类使用仪器研究微观世界的先河。

望远镜和显微镜的发明激励了物理学家对光学做更深入的

研究。开普勒对光学做了进一步研究，在1611年出版的《折光学》一书中，得出了折射定律的经验表示，对望远镜原理进行了正确的解释，并设计了由两块凸透镜构成的开普勒天文望远镜。斯涅耳在1621年发表的一篇文章中对光的折射定律进行了如下叙述："对于给定的两种物质，入射角和折射角的余割之比保持相同的数值"，并用实验证实了这一结论。1637年，笛卡尔在《屈光学》一书中对光的折射定律从光的微粒观念角度进行了推导，并得到由正弦表示的现代形式的折射定律。费马在1657年提出了光在介质中传播时所走的路程取极值的定理，又假定光在较密的介质中速度较小，推导出了光的反射定律和折射定律。

3.2 古代中西方对色散现象的实验研究

3.2.1 中国古人对于光的色散现象的深刻认识

科学规律的发现总是从观察自然现象开始，我国古人对色散的研究始于对虹的观察。中国早在商代就有关于虹的记载，虹在甲骨文中写成"𧎬"。战国时期的《楚辞》中，屈原在《远游》篇中写到"建雄虹之采旄兮，五色杂而炫耀"，描述虹为"五色"。东汉蔡邕在《月令章句》中有"雄曰虹，雌曰蜺，蜺常依阴云而昼见于日冲，无云不见，大阴亦不见，率以日西见于东方"的记载，描述了虹出现的条件和方位。东汉郑玄注，唐初孔颖达疏的《礼记注疏》中有"若云薄漏日，日照雨滴则虹生"，简单解释了虹的成因是太阳照射雨滴产生的。唐代张志和的《玄真子·涛之灵》中有"背日贯乎水，成虹蜺①之状，而不可直者，齐乎影也"，这是人们第一次用实验的方法研究虹，也是第一次有意识地研究白光的色散实验。唐代以后就有人不断重复这个实验。南宋蔡卞在其所著的《毛诗名物解·卷二·释天·虹》中有"今以水喷日，自侧视之，则晕为虹蜺……故今雨气成虹，朝阳射之则在西，夕阳射之则在东"，是第一个模拟日照雨滴的科学实验，说明虹的产生是一个色散过程，明确指出了虹与太阳之间的位置关系。

南宋程大昌的《演繁露·卷九·菩萨石》中记载了露珠分光现象："凡雨初霁，或露之未晞，其余点缀于草木枝叶之末，欲坠不坠，则皆聚为圆点，光莹可喜。日光入之，五色俱足，闪烁不定。是乃日光之品着色于水，而非雨露有此五色也。……此之五色，无日则不能自现则非因峨眉有佛所致也。"这一段文字描述了水滴中看到的色散现象，日光透过一个水滴产生多种颜色，这些颜色是日光的颜色，而不是雨露的颜色，这种观点已经接近色散的本质。

晋代以来的很多典籍中都记载了晶体的色散现象。葛洪在《抱朴子·卷十一》中记述了五种云母，"举以向日，看其色，……五色并具而多青者，名云英……五色并具而多赤者，名云珠……五色并具而多白者，名云液……五色并具而多黑者，名云母……但有青黄二色者，名云砂"，不同云母在阳光下举起呈现的光的主要颜色并不相同。南北朝梁元帝萧绎的《金楼子》记述了一种叫君王盐的晶体，"白盐山，山峰洞澈，有如水精。及其映日，光似琥珀。……名为'君王盐'，亦名'玉华盐'"。明代李时珍的《本草纲目》中对晶体产生

---

① 虹蜺：彩虹的别称。

色散现象进行了详细记载："峨眉山出菩萨石，色莹白明澈，若泰山野狼牙石，上尧水精之类，日中照之有五色……其质六棱，或大如枣栗，其色莹洁，映日则光采微芒；有小如樱珠，则五色粲然可喜，亦石英之类也"，表明水晶无论大小都可以产生色散现象。

到了明末方以智的《物理小识·卷八·器用类·阳燧倒影》中有"凡宝石面凸，则光成一条；有数棱者，则必有一面五色。如峨眉放光石，六面也；水晶压纸，三面也；烧料三面水晶亦五色；峡日射飞泉成五色；人于回墙间向日喷水，亦成五色。故知虹蜺之彩，星月之晕，五色之云，皆同此理"的记载，认为天然水晶、人造水晶、阳光照射飞泉、虹蜺、日晕、月晕都是白光色散为多种颜色的结果，这可以说是对古代色散现象最为全面的总结。

3.2.2　西方对色散现象的认识

在西方最引人注目的色散现象是彩虹。13世纪的英国科学家罗杰·培根通过实验证明虹是太阳光照射水珠后形成的自然现象，并非上帝创造。德国有一位传教士叫西奥多里克，曾在实验中模仿天上的彩虹。他用阳光照射装满水的大玻璃球壳，观察到和空中一样的彩虹，以此说明彩虹是由于空气中水珠反射和折射阳光造成的现象。他采用亚里士多德的观点，认为各种颜色的产生是由于光受到不同阻滞所引起的。阳光进入媒质（如水），从表面区域反射回来的是红色或黄色，从深部反射回来的是绿色或蓝色；雨后空气中充满水珠，阳光进入水珠再反射回来，人们就看到色彩缤纷的彩虹。

笛卡尔对彩虹也很感兴趣，采用实验检验西奥多里克的理论。他将自己的研究结果写成名为《陨星》的论文，附在《方法论》之后发表。为了说明彩虹的成因，他用一个球形的透明玻璃容器盛满水，让日光穿过容器，观察其色彩的变化情况，见图3-1（a）。通过这个实验，发现彩虹的产生并不是由于媒介的深浅产生的。

此外，笛卡尔也做过棱镜实验，如图3-1（b）。他让一束日光通过棱镜折射，将射出的光投在一张白纸上，但由于白纸离棱镜太近，未能发现完整光谱，只注意到光带的两端分别是蓝色和红色。

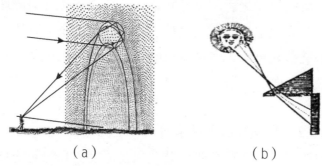

（a）   （b）

图3-1　笛卡尔模拟彩虹的实验和棱镜实验

1648年，布拉格的马尔西成功地用三棱镜演示色散。他认为红色是浓缩了的光，蓝色是稀释了的光；之所以会出现不同颜色，是由于光受物质的不同作用，因而呈现各种不同的颜色。

总之，在当时人们已经知道日光通过棱镜可以产生彩带，但在牛顿之前没有人能对这种现象给出正确的解释。

3.3　牛顿的色散实验

牛顿对白光的色散研究是从1666年开始的。他在窗帘上开一个小孔，使光通过小孔投射到一块三棱镜上，在棱镜后放置一块白屏。在屏上看到的是一个长条形的彩色谱带，光谱的长度是宽度的5倍，两端是半圆形的，以红、橙、黄、绿、蓝、紫排列，其中紫光折射最厉害。

关于光的颜色理论，从亚里士多德到笛卡尔都认为白光纯洁均匀，乃是光的本色，而色光乃是白光的变种。牛顿却细致地注意到阳光并不是像过去人们所说的五色，而是在红、黄、绿、蓝、紫色之外还有橙、靛青等颜色，共七色。奇怪的还有棱镜分光后形成的不是圆形而是长条椭圆形，接着他又试验玻璃的不同厚度、不同大小的窗孔，将棱镜放在外边再通过孔及玻璃的不平或偶然不规则等不同条件的影响；用两个棱镜正倒放置以消除第一棱镜的效应；取来自太阳不同部分的光线，看其不同的入射方向会产生什么样的影响；计算各色光线的折射程度（即折射率）；观察光线经棱镜后会不会沿曲线运动。最后才做了如图3-2所示的判决性实验：在棱镜ABC所形成的彩色带中通过屏幕DE上的小孔G取出单色光，再投射到第二棱镜abc后，得出该色光的折射程度，这样就得出"白光本身是由折射程度不同的各种彩色光所组成的非均匀的混合体"的结论。这个惊人的结论推翻了前人的学说，是牛顿通过细致观察

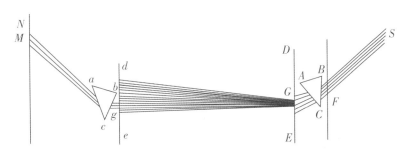

图3-2　判决性实验

和多次反复实验得出的结果。

为了证明色散现象不是由于棱镜跟阳光的相互作用，也不是因为其他原因，而是由于不同颜色具有不同的折射性，牛顿又做了一个实验。

他拿三个棱镜做实验，三个棱镜完全相同，只是放置方式不一样，如图3-3所示。倘若颜色的分散是由于棱镜的不平或其他偶然的不规则性，那么第二个棱镜和第三个棱镜就会增加这一分散性。可实验结果是，原来分散的各种颜色，经过第二个棱镜后又还原成白光，形状和原来一样。经过第三个棱镜后，白光又分解成各种颜色。由此证明，棱镜的作用是使白光分解为不同成分，也可使不同成分合成为白光。

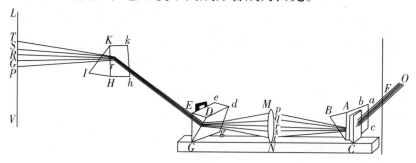

图3-3　牛顿用三个棱镜做实验

在色散实验的基础上，牛顿总结出了以下几条规律：

①光线随其折射率不同，颜色也不同。颜色不是光的变态，而是光线本来的、固有的属性。

②同一颜色属于同一折射率，不同颜色的折射率不同。

③颜色的种类和折射的程度是光线所固有的，不会因折射、反射或其他任何原因而改变。

④必须区分两种颜色，一种是原始的、单纯的颜色，另一种是由原始的颜色复合而成的颜色。

⑤本身为白色的光线是没有的，白色是由所有色的光线按适当比例混合而成的。

3.4　牛顿色散实验成为归纳法研究的样板

牛顿的棱镜光谱实验收集在1704年出版的《光学》第一编中。牛顿共提出19个命题、33个实验，他以大量篇幅详细地描述了实验装置、实验方法和观察结果。

牛顿的光学研究从实验和观察出发，进行归纳综合，总结出一套完整的科学的理论。归纳法是科学研究的重要方法之一，牛顿对色散的研究为后人树立了光辉的样板。

牛顿关于光的颜色性质的研究，不仅为光谱学研究奠定了基础，而且为提高光学仪器的性能指出了方向。

3.5　"站在巨人们的肩上"的"巨人"——牛顿

艾萨克·牛顿（Isaac Newton，1643—1727），英国皇家学会会长，著名的物理学家，百科全书式的"全才"，著有《自然哲学的数学原理》《光学》等。

1643年1月4日，牛顿出生于英格兰林肯郡的沃尔索普村。牛顿的父亲在他出生前两个月去世。在牛顿两岁多时，他的母亲改嫁，他由外祖母和舅舅抚养。少年

图3-4　牛顿

时代的牛顿很喜欢制作各种机械模型。在他的继父去世后，母亲带着同母异父的两个妹妹和一个弟弟回到沃尔索普村。母亲曾让牛顿辍学务农，但在舅舅的支持下，他又重新回到学校上

学，并考入剑桥大学三一学院。在第一任卢卡斯数学讲座教授巴罗的引导下走向自然科学，特别是对数学和光学的研究。

1665—1667年，牛顿在故乡躲避瘟疫的大约18个月的时间里，做了力学、天文学、数学、光学等一些基础性研究工作。1667年返回剑桥大学读研究生，1668年获得硕士学位。1669年在巴罗教授的推荐下，接任卢卡斯数学讲座教授的职务。1672年由于制作反射望远镜的成就被接纳为皇家学会会员，1699年成为巴黎科学院院士。

牛顿终生未婚，晚年由他的外甥女凯瑟琳·巴顿照料起居。1727年3月31日，牛顿因病逝世，葬于威斯敏斯特教堂。诗人亚历山大·波普（Alexander Pope）为牛顿写下了以下这段墓志铭："Nature and Nature's law lay hid in night. God said, 'Let Newton be,' and all was light." 意思是：自然与自然的定律，都隐藏在黑暗之中；上帝说"让牛顿来吧！"于是，一切变为光明。

牛顿是有史以来最伟大的天才之一：在数学上，他与莱布尼茨分别单独获得了发明微积分的荣誉；在天文学上，他发现了万有引力定律，开辟了天文学的新纪元；在力学上，他系统总结了三大运动定律，创造了完整的牛顿力学；在光学上，他发明反射式天文望远镜并阐述了光的色散原理。

尽管牛顿一生研究的领域广泛、贡献卓越，但他个人却十分谦卑。牛顿生前有两句名言，一句是"如果我比别人看得远些，那是因为我站在巨人们的肩上"，另一句是"我不知道世人怎么看，但我自己看来，我只不过是一个在海滨玩耍的小孩，不时地为找到一块比别人更光滑的卵石子或一只更美丽的贝壳而感到高兴，而在我面前的真理海洋，却完全是个谜"。可见，"百科全书式"的牛顿是何等的谦卑。

（李玉峰）

4 青蛙也能生电

——伽伐尼 – 伏打电流的发现

1781年1月，意大利生理学家伽伐尼（Luigi Galvani，1737—1798）正致力于研究生物体与电的关系。"他按照往常的方式准备好青蛙腿，青蛙与起电机有一段距离。当其中一个合作者用刀触碰青蛙脚内神经时，所有腿部肌肉开始剧烈收缩，而这种现象发生在起电机产生火花的时刻。"（如图4-1）这个实验就是"蛙腿实验"，它被《纽约时报》评为"历史上最美的10个实验"之一。

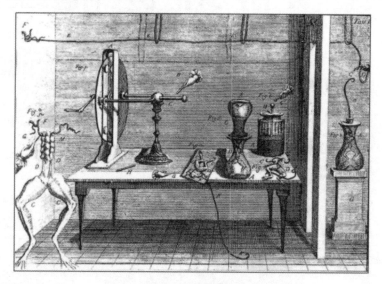

图4-1　远距离蛙腿收缩实验

这个神奇而特殊的现象引起了伽伐尼和物理学家亚历山德罗·伏特（Alessandro Volta，1745—1827）之间的科学论战，持久的科学争论以伏特发明了"伏打电堆"而结束。而"伏打电堆"标志着人类由"静电"进入"动电"时代，同时这也标志着电化学的建立。

4.1 莱顿瓶的诞生

在荷兰的小城莱顿，有一所古老的著名高等学府——莱顿大学。莱顿大学的马森布罗克对当时发明的几种摩擦起电机很感兴趣，想通过实验找到一种能把静电"储存"起来的容器。有一天，他将一支枪管悬在空中，用起电机与枪管相连，另用一根铜线从枪管中引出，浸入一个盛有水的玻璃瓶中，他让一个助手一只手握着玻璃瓶，马森布罗克在一旁使劲摇动起电机。这时他的助手不小心将另一只手与枪管碰上，他猛然感到一次强烈的电击，喊了起来。于是马森布罗克与助手互换了位置，让助手摇起电机，他自己一手拿盛水玻璃瓶，另一只手去碰枪管，同样感到被电击。

马森布罗克由此得出结论：把带电体放在玻璃瓶内可以把电保存下来。人们就把这个蓄电的瓶子称作莱顿瓶，这个实验称为莱顿瓶实验。

典型的莱顿瓶是一个玻璃容器，内外包覆着导电金属箔作为极板，如图4-2所示。瓶口上端接一个球形电极，下端利用导体（通常是金属锁链）与内侧金属箔或是水连接。充电时将

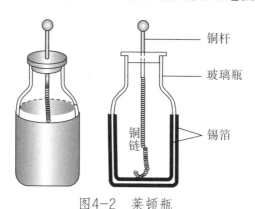

图4-2 莱顿瓶

电极接上静电产生器或起电盘等，外部金属箔接地，内部与外部的金属将会携带相等但电性相反的电荷。

从结构上看，莱顿瓶就是一个电容器。莱顿瓶曾被用来作为电学实验的供电装置，是电学研究的重要基础器件。莱顿瓶的发明，是科学界开始对电的本质和特性进行研究的标志。

4.2　电的神奇力量引起医学界的注意

莱顿瓶被发明后，人们能够通过莱顿瓶储存电，但是，人们对于电的认识和理解还很肤浅。电的神奇力量所展现的美妙现象，引起了医学界的注意。医生们相信生物体同样与电密不可分，许多生理学家都致力于相关实验的探索。在这种背景下，作为生理学家的伽伐尼发现电引起蛙腿收缩的现象，也在情理之中。

4.3　蛙腿论战

1781年1月，生理学家伽伐尼为了深入研究蛙腿收缩的现象，将青蛙的位置和发电装置作为两个变量进行组合研究。他设置了不同的青蛙位置：靠近机器、远离机器、在密封玻璃罐里、在锡罐里等。他还使用了不同的发电或蓄电设备：起电机、莱顿瓶、自然电等。图4-3是分别在晴天和暴风雨天环境的实验装置。实验发现，在晴天没雷电的情况下实验也出现了蛙腿收缩现象；在室内"封闭房间"中，将蛙腿放在用铁制作的阳台栏杆上做实验，也出现了蛙腿收缩现象。结合之前的实验结果，伽伐尼排除了蛙腿收缩是由外界大气电引起的假设。

图4-3　阳台栏杆上收缩实验、暴风雨天实验装置

伽伐尼随后运用不同的金属导体进行实验，发现不同金属材料在引起收缩方面具有不同的效果，也发现使用导电的液态物质可以获得类似的效果。基于大量实验，伽伐尼得出结论：动物体内存在某种形式的内在电，神经和肌肉通过导电材料允许内部电流流动而引起收缩。电流的流动方式与莱顿瓶相似，动物能够存储电子流体并将其保持在"不平衡"状态，并且随时可以借助导电电弧使其运动（如图4-4所示）。

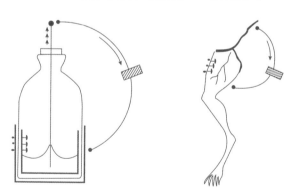

图4-4　莱顿瓶与蛙腿的结构类比

伽伐尼总结说，在实验中运用同一金属制成的金属弧分别接触神经和肌肉，就能够观察到肌肉的收缩。1794年，伽伐尼发表论文《关于肌肉收缩中传导弧的活性和应用》，提出了新

的实验观察：在完全没有金属参与的条件下，当一神经标本直接搭在损伤的肌肉上或两个神经表面相互接触时，均可以引起肌肉收缩（如图4-5）。伽伐尼认为，这一实验有力地证明了生物电的存在。同时他还将某些鱼类（电鳐、电鳗）的放电现象作为生物电的间接证据。

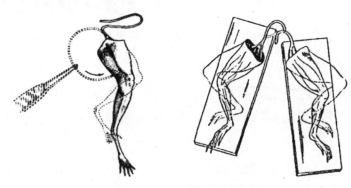

图4-5　无金属收缩实验

意大利的物理学教授伏打细心重复了伽伐尼的实验，他发现伽伐尼的神经电流说有问题。他拿来一只活青蛙，用两种不同金属构成的弧叉跨接在青蛙身上，一端触青蛙的腿，一端触青蛙的脊背，青蛙就会抽搐，用莱顿瓶经青蛙的身体放电，青蛙也会发生抽搐，说明两种不同金属构成的弧叉和莱顿瓶的作用是一样的。换句话说，这些现象是外部电流作用的结果。

伏打和伽伐尼在外部电（金属接触说）和内部电（神经电流说）之间展开了长期的争论。

为了阐明自己的观点，伏打进行了大量实验比较各种金属，按金属相互间的接触电动势把金属排列成表，其中有一部分是：锌—铁—锡—铅—铜—银—金。只要将表中任意两种金属接触，排在前面的金属必带正电，排在后面的金属必带负电。这样，伏打一举全面地解释了伽伐尼和其他人做过的各种动物电实验。

1800年，伏打进一步把锌片和铜片夹在用盐水浸湿的纸片中，重复地叠成一堆，形成了很强的电源，这就是著名的伏打电堆。

把锌片和铜片插入盐水或稀酸杯中，也可以形成电源，叫做伏打电池。伏打为了尊重伽伐尼的先驱性工作，在自己的著作中总是称之为伽伐尼电池。所以，以他们两人名字命名的电池（即伐打电池和伽伐尼电池），实际上是同一种。

4.4　从静电进入动电时代

"蛙腿论战"是科学史上的经典事件，持久的科学争论以伏打发明了"伏打电堆"而结束，标志着人类自此由"静电"进入"动电"时代，同时标志着电化学的建立。"蛙腿论战"充分体现了跨学科视角，并且促进了人们对于科学本质的理解。

伏打电堆（电池）的发明，产生了提供持续电流的电源，使人们有可能从各方面研究电流的各种效应。从此，电学进入了一个飞速发展的时期——研究电流和电磁效应的新时期。

4.5　动电开拓者——伽伐尼、伏打

伽伐尼（Luigi Galvani，1737—1798），意大利医生和动物学家。1737年9月9日诞生于意大利的博洛尼亚。他从小接受正规教育，1756年进入博洛尼亚大学学习医学和哲学。伽伐尼

图4-6　伽伐尼

图4-7　伏打

的蛙腿实验引发伏打发明电池和电生理学的建立，在科学史上传为佳话。伏打真诚地赞扬说，伽伐尼的工作"在物理学和化学史上，是足以称得上划时代的伟大发现之一"。为了纪念伽伐尼，伏打还把伏打电池叫做伽伐尼电池，引出的电流称为伽伐尼电流。伽伐尼晚年在生活上和政治上连遭打击，贫病交加，于1798年12月4日在博洛尼亚去世，终年61岁。

亚历山德罗·朱塞佩·安东尼奥·安纳塔西欧·伏打（Alessandro Giuseppe Antonio Anastasio Volta, 1745—1827），意大利物理学家。

伏打在青年时期就开始做电学实验，制造各种有独创性的仪器，并对电量Q、电流I、电的张力（电势差U）、电容C以及关系式$Q=CU$有了明确的了解，1769年发表第一篇科学论文。

在伏打制造的仪器中，一个杰出的例子是起电盘：一块带有绝缘柄的金属板B放在一个由摩擦起电的充电树脂盘A上端，如图4-8，由于静电感应，金属盘的上下表面就会产生两种相反的电荷使金属板B的上表面接地以释放与A相同电荷，只有下表面带有电荷，再把它举起来（过程中需做功），于是金属板就被充电到高电势，这个方法可以给莱顿瓶充电。这种操作可以不断地重复。这一发明非常精巧，在其基础上发展出了一系列静电起电机。

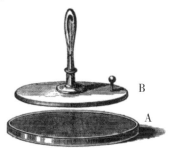

图4-8 伏打发明的感应式起电盘

由于起电盘的发明，1775年伏打担任了科莫皇家学校的物理教授，1779年任帕维亚大学物理学教授。他的名声开始传扬到意大利以外，苏黎世物理学会也选举他为会员。

伏打最伟大的成就是发明了伏打电堆，伏打电堆是由多层铜和锌叠合而成，其间隔有浸渍盐水的物质，亦称伏打电池。伏打电堆是人类第一个能产生稳定、持续电流的装置，为电学研究提供了稳定的容量较大的电源，成为电磁学发展的基础，为后来电学研究打开了新局面。后人为了纪念伏打在电学上的贡献，将电动势和电势差（电压）的单位以他的姓氏命名为"伏特"。

（李才强）

5

怎样才能称出地球质量

——卡文迪什扭秤实验

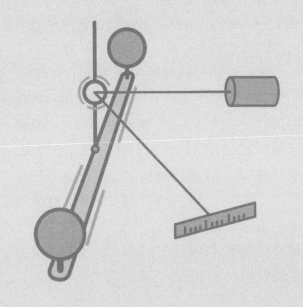

地球的质量是多少？对于一个苹果，我们可以轻易地称出它的质量，而地球又大又重，我们应该怎样才能"称"出它的质量呢？

众所周知，地球是一个不规则的球体，且这个球体是由大量不同的物质构成的。在地表，有海洋、沼泽、山川、沙漠等，而内部则是由地壳、地幔和地核组成的分层结构。对于这样一个各部分的物质质量都不同的球体，应该如何准确地计算出其质量呢？古人提出，若能求出地球的体积，可利用公式"质量＝密度×体积"推算地球的质量。就让我们跟着先人的足迹一起探索这一有趣的问题吧。

5.1　测地球体积

要想知道地球的体积，就得测出地球的半径。怎么测呢？古希腊先贤埃拉托色尼（Eratosthenes，约公元前275—公元前194）在两千多年前利用太阳光和简单的测量工具就计算出了地球的周长，进而可得出地球的半径。

埃拉托色尼选择同一子午线上的两地：赛伊城和亚历山大城，在夏至日那天进行太阳位置的观察比较。在赛伊城，尼罗河的一个河心岛上，有一口深井，当夏至日的太阳光恰好能直射井底时，附近地面上所有的直立物都没有影子，但距离赛伊城约800千米的亚历山大城地面上的直立物却仍有很短的影子。埃拉托色尼发现了这一现象，他认为直立物的影子说明亚历山大城的阳光与直立物形成了夹角。如图5-1，从假想的地心向赛伊城和亚历山大城引两条直线可形成夹角，埃拉托色尼按照相似三角形的关系，测出夹角约为7.2°，是地球圆周角

（360°）的五十分之一。再根据两地之间的距离，便推算出地球周长约为4万千米，这一结果与实际地球周长相当接近，由周长即可算出其半径及体积。

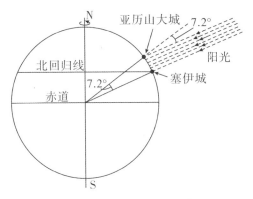

图5-1　测地球周长示意图

体积问题解决了，可密度问题不好办，为什么呢？因为构成地球各部分物质的密度是不同的，而且它们在整个地球中所占的比例也各不相同，所以无法知道整个地球的平均密度是多少。由此看来，地球的质量似乎只能是一个谜，无法解开。

5.2　测地球密度——榭赫伦实验

1687年，牛顿的物理学著作《自然哲学的数学原理》首次出版，系统地论述了运动三大定律及万有引力定律。关于万有引力，牛顿在书中这样写道："对于一切物体，存在着一种引力，它正比于各物体所包含的质量[①]。在两个相互吸引的球体内，如果到球心相等的距离处的物质是相似的，则一个球对于

---

① 牛顿原版文章中的表述为"quantities of matter"，直译应为"物质的量"，此处使用现今科学界通认的"质量"。

另一个球的引力反比于两球距离的平方。"

牛顿在《自然哲学的数学原理》一书中还提到，一个系有重物的细绳由于地球的引力作用总会指向地心，如果重物附近有座大山，那么山峰对重物产生的引力会让细绳产生微小的倾斜，但是地球上一般物体之间的引力极其微小，几乎无法测量出来。牛顿感到失望，当众宣布："想利用测量引力来计算地球质量的努力将是徒劳的。"

牛顿去世后，英国皇家学会的科学家们认为，牛顿的实验思路仍然是可行的。1772年，当时的英国皇家天文学家——内维尔·马斯基林（Nevil Maskelyne）向皇家学会提出进行利用万有引力来测量地球密度的实验，实验的关键是找到一座合适的山，这座山的形状得比较规整，便于计算体积，并且附近没有其他山体干扰引力。功夫不负有心人，经过两年多的漫长寻找，1774年，皇家学会终于在苏格兰高地寻找到了一座名为榭赫伦的山。它位于苏格兰高地的中央，在泰湖与兰洛湖之间，山高1083米。附近的山离它都不太近，这样它们对实验中引力的影响就会降低，加上榭赫伦山的山脊东西对称，会简化计算。它的南北山脊陡峭，离山的重心很近，这使引力产生的偏移最大化。

马斯基林利用初测时的山形数据，推算出重心位置。马斯基林认为，假如榭赫伦山的平均密度与地球一样，那么悬线偏角应为20.9″（角秒）。但实验结果仅约为上述角度的一半，如图5-2所示。所以马斯基林初步断定，地球的平均密度约为榭赫伦山的两倍。他将这一初步结果发表于1775年的《自然科学会报》，马斯基林还指出，榭赫伦山表现出引力，因此所有山都可表现出引力；而且证实了牛顿提出的万有引力反比于距离平方的定律。经过复杂的测量和推演，马斯基林在1776年最终计算出地球的平均密度为4.5 g/cm³。科学家们通过这个实验还认识到，地球的平均密度比地表岩石的密度要高很多，这说明地球很可能有一个致密的内核，而非空心的。这是人类首次有这样的认识。

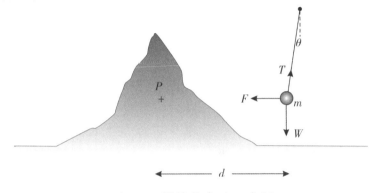

图5-2 榭赫伦实验示意图

根据埃拉托色尼测得的地球半径及通过榭赫伦实验测得的地球平均密度，即可大致计算出地球质量约为4.87×10²⁴ kg。

在1811年和1856年，榭赫伦实验又被重复了两次，但这种实验方式总是要花费大量的人力、物力，且由于各种原因的干扰，每次测量误差都很大。鉴于此，科学家们改进实验思路，尝试在成本相对较低和干扰相对较少的实验室中通过仪器来实现测量地球质量的目的。英国科学家约翰·米歇尔（John Michell）在1783年开始设计并最先制作出了扭秤。但遗憾的是，米歇尔还未用它来进行测量，便于1793年去世了。

米歇尔去世后，这台扭秤几经辗转，来到另一个科学家的手中，他就是卡文迪什[①]。

---

① 也译作"卡文迪许"。

5.3 卡文迪什扭秤实验

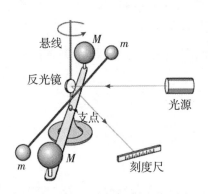

悬线　M　m

反光镜

光源

支点

m　M

刻度尺

图5-3　倒 T 形支架实验装置图

受到米歇尔扭秤实验思想的启发，卡文迪什设计出了倒 T 形支架实验装置，如图5-3所示，其中木棒长度为6英尺[①]，木棒两端固定两个小铅球的质量均为 m，其直径均为2英寸[②]，在小铅球附近各固定一个直径为12英寸、质量为350磅[③]的大铅球 M。木棒中点系上长为39英寸细石英丝[④]后悬吊起来两个大铅球 M 分别对木棒上的小铅球起引力作用，产生转动力矩，使倒 T 形支架产生微小的转动，并扭转石英丝，测出悬丝的扭转角度，结合悬丝的扭力常数，就可以计算出倒 T 形支架所受扭力的大小，进而计算得出大小铅球间的引力大小。

这个设想从理论上讲是完全正确的，但卡文迪什进行了多次实验仍未成功。失败的原因是引力实在太过微弱，比如两个1千克重的铅球在相距10厘米时，二者间的相互引力只有约十亿分之一千克物体的重力大小。如此微小的力，没有特别精密的仪器哪能测量出来？实验时石英丝肯定发生了扭转，但程度

① 1英尺=30.48厘米。

② 1英寸=2.54厘米。

③ 1磅=0.454千克。

④ 为测得铅球受到万有引力作用之后的扭转角度，就必须选用扭转常数较小的材料作为悬挂小球的材料，卡文迪什经过不断尝试后选定石英丝作为悬挂材料。

极其微小，根本无法觉察，怎样才能把这一微小转动放大呢？

为了测量 T 形支架转过的微小角度，卡文迪什采用放大的思想，即在悬线上安装了一个平面镜。当悬线在引力作用下微小转动时，平面镜也随之旋转。保持射入的光线方向不变，反射光斑就会在刻度尺上明显地移动。只要测量反射光斑的移动距离，就可以计算出悬线扭转的角度，进而推算出引力的大小。

为了防止空气的扰动，卡文迪什把扭秤放在一个特殊结构的小房间内，人在室外利用望远镜远距离进行操控和测量（如图5-4）。此外，为了避免地磁的影响，所有材料都用抗磁性物质制作，如铜、银等。

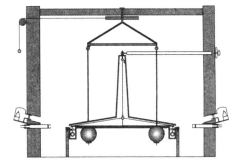

图5-4　卡文迪什扭秤实验全景图

卡文迪什当时实验的初衷是为了测地球密度，因为那个时期的天文学家更关心各个星体的密度，只要知道了地球的密度，其他星体的密度就可以推算出来。卡文迪什的引力测量实验从1797年夏天开始，其间的实验虽然经历了很多次失败，但库仑的扭转力矩实验坚定了卡文迪什用扭秤进行引力测量的信心。1798年，已经67岁的卡文迪什发表了论文《测定地球密度的实验》，在论文中他总结了17次实验的结果，并利用数学及物理关系，推算地球的质量为 5.89×10^{24} kg。结合地球半径的数据，他得出地球的平均密度是水密度的5.481倍。后人利用卡文迪什测得的地球平均密度数值，经简单的公式运算，计算

得出引力常量 G 为（ 6.754 ± 0.041 ）$\times 10^{-11}$ N·m^2/kg^2，与目前推荐的标准值 $G = 6.672\ 59 \times 10^{-11}$ N·m^2/kg^2 相差无几。

为了纪念卡文迪什的功绩，科学界把这个实验称为"卡文迪什实验"。引力常量的测定，使万有引力定律能够应用于定量计算，如测定星球质量等。正是因为这个实验，卡文迪什被人们称为"第一位称出地球质量的人"。

5.4　开创弱力测量的新时代

卡文迪什扭秤实验是物理学史上的经典实验之一，这是科学家第一次测量并得到比较精确的万有引力常数，至此，对于天体以及地球质量的估计成为可能。该实验的难点在于完全去除环境的干扰，以及扭秤和光标的精度。卡文迪什扭秤装置巧妙之处在于：一是运用转化原理，即力与力矩、扭丝转角、光标位移的关系；二是运用放大原理，即采用倒 T 形支架，增大力臂，拉开镜子与标尺的距离，放大反射光对应的光标变化，大大提高了实验的精度。卡文迪什扭秤实验巧妙地利用等效法合理地将微小量进行放大，实验的构思、设计与操作极其巧妙和精致，以至于英国物理学家约翰·坡印廷（John Poynting）称赞该实验"开创了弱力测量的新时代"。

卡文迪什在这方面做出了创造性的工作，其实验精度在后续的近百年时间里，没有人能超过。在18世纪的工艺条件下，完成这样精度的实验无疑是一个伟大的成就。

5.5　第一位称出地球质量的人——卡文迪什

亨利·卡文迪什（Henry Cavendish，1731—1810），英

国物理学家和化学家。1731年10月10日生于撒丁王国尼斯，1749年入剑桥大学学习，1753年尚未毕业就去巴黎留学，1760年被选为英国皇家学会会员，1803年当选为法国科学院的外籍院士。卡文迪什的主要贡献有：1781年首先制得氢气，并研究了其性质，用实验证明它燃烧后生成水，证明了水不是元素而是化合物，他因此被称为"化学中的牛顿"。1785年卡文迪

图5-5　卡文迪什

什在空气中引入电火花的实验使他发现了一种不活泼气体的存在，即最早发现惰性气体的存在。1798年卡文迪什完成了测量地球平均密度的扭秤实验，这是卡文迪什的重大贡献之一，后世称其实验为卡文迪什扭秤实验。

　　卡文迪什的爸爸、爷爷和外公都是公爵，但是卡文迪什并没有当时英国绅士的那种派头。他不修边幅，几乎没有一件衣服是不掉扣子的；他不好交际，不善言谈，终生未婚，过着奇特的隐居生活。卡文迪什为了搞科学研究，把客厅改作实验室，在卧室的床边放着许多观察仪器，以便随时观察天象。他从祖上接受了大笔遗产，成为百万富翁，却并不因此而吝啬。他的一个仆人因生活困难向他借钱，他毫不犹豫地开了一张一万英镑的支票给对方。卡文迪什酷爱图书，他把自己收藏的大量图书，分门别类地编上号，管理得井井有条，无论是借阅，还是自己阅读，都毫无例外地履行登记手续。卡文迪什一生在自己的实验室中工作，直到逝世前夜还在做实验。因此，他获得过不少外号，有"科学怪人""最富有的学者""最博

学的富豪"等。

卡文迪什在化学、热学、电学、万有引力等方面进行过很多成功的实验研究，但很少发表，他觉得没有彻底弄清楚的规律绝不可轻易发表。1810年卡文迪什逝世后，他的侄子齐治把卡文迪什遗留下的20捆实验笔记完好地放进了书橱里，再也没有去动它。谁知这些手稿在书橱里一放竟是几十年，直到1871年，另一位电学大师——麦克斯韦应聘担任剑桥大学教授并负责筹建卡文迪什实验室时，这些充满智慧和心血的笔记才获得人们的关注。麦克斯韦仔细阅读了前辈在近百年前的手稿，不由大惊失色，连声叹服说："卡文迪什也许是有史以来最伟大的实验物理学家，他几乎预料到电学上的所有伟大事实。"此后麦克斯韦决定搁下自己的一些研究课题，呕心沥血地整理这些手稿，使卡文迪什的光辉思想流传了下来。

卡文迪什一生勤俭，逝世后留下了大笔遗产。1871年，剑桥大学用他的遗产，并在卡文迪什亲戚的私人资助下建立了一座新的实验室。它最初是以亨利·卡文迪什命名的物理系教学实验室，后来扩大为包括整个物理系在内的科研与教育中心，并以整个卡文迪什家族命名。自1904年至1989年，卡文迪什实验室一共产生了29名诺贝尔奖获得者。其科研效率之惊人、成果之丰硕，举世无双。在鼎盛时期甚至获誉"全世界二分之一的物理学发现都来自卡文迪什实验室"。麦克斯韦、瑞利、J.J.汤姆逊、卢瑟福等先后主持过该实验室的工作。

（余建刚）

6/

光也具有
波动性吗

——杨氏双缝干涉实验

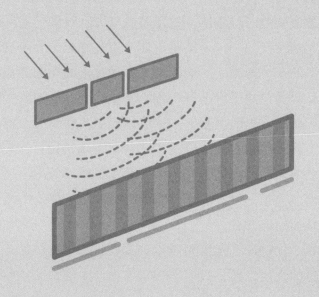

17世纪初，在天文学和解剖学等相关学科的推动下，并伴随着光学仪器的发明和制造，光学这一传统而又神秘的学科逐步成为热门研究学科。到17世纪末，光学已经成为物理学的一个重要分支，其中，几何光学的发展最为迅速，由荷兰物理学家斯涅尔（Willebrord Snell，1580—1626）发现的准确的折射定律对于光学仪器的改进具有重要意义，并为研究整个光学系统提供了计算的可能。随着几何光学的发展，物理光学的研究也开始起步。在人们对物理光学的研究过程中，光的本性问题和光的颜色问题成为焦点。

6.1　胡克与牛顿的交锋

1655年，意大利波洛尼亚大学教授格里马尔迪（Grimaldi，Francesco Maria，1618—1663）在观测放在光束中的小棍子的影子时，首先发现了光的衍射现象。他据此推测光可能是与水波类似的一种流体。这便是光学波动说的"萌芽"期。格里马尔迪还设计了一个实验：让一束光穿过一个小孔后，照到暗室里的一个屏幕上。他发现光线通过小孔后的光影明显变宽了。格里马尔迪进行了进一步的实验，他让一束光穿过两个小孔后照到暗室里的屏幕上，这时得到了有明暗条纹的图像。他认为这种现象与水波十分相像，从而得出结论：光是一种能够作波浪式运动的流体，光的不同颜色是波动频率不同的结果。格里马尔迪第一个提出了"光的衍射"这一概念，是光的波动学说最早的倡导者。

1663年，英国科学家玻意耳提出了物体的颜色不是物体本身的性质，而是光照射在物体上产生的效果。他第一次记载了肥皂泡和玻璃球中的彩色条纹。这一发现与格里马尔迪的说法有不谋而合之处，为后来的研究奠定了基础。

不久后，英国物理学家胡克重复了格里马尔迪的实验，并通过对肥皂膜颜色的观察提出了"光是以太的一种纵向波"的假说。根据这一假说，胡克也认为光的颜色是由其频率决定的。

1672年，牛顿在他的论文《关于光和色的新理论》中谈到了他所做的光的色散实验：让太阳光通过一个小孔后照在暗室里的棱镜上，在对面的墙壁上会得到一个彩色光谱。在这篇论文里他用微粒说阐述了光的颜色理论，他认为，光的复合和分解就像不同颜色的微粒混合在一起又被分开一样。

第一次波动说与粒子说的争论由"光的颜色"这根导火索引燃了。从此胡克与牛顿之间展开了漫长而激烈的争论。

图6-1　牛顿与胡克论战漫画

1672年2月6日，以胡克为主席，由玻意耳等组成的英国皇家学会评议委员会对牛顿提交的论文《关于光和色的新理论》基本上持以否定的态度。

牛顿开始并没有完全否定波动说，也不是微粒说偏执的支持者。但在争论展开以后，牛顿在很多论文中对胡克的波动说进行了反驳。

1675年12月9日，牛顿在《说明在我的几篇论文中所谈到的光的性质的一个假说》一文中，再次反驳了胡克的波动说，重申了他的微粒说。

由于此时的牛顿和胡克都没有形成完整的理论，因此波动说和微粒说之间的论战并没有全面展开，但一场新的争论已在酝酿之中了。

6.2　牛顿与惠更斯的交锋

波动说的支持者，荷兰著名天文学家、物理学家惠更斯（Christiaan Huygens，1629—1695）继承并完善了胡克的观点。惠更斯早年系统地对几何光学进行过研究。1666年，惠更斯应邀来到巴黎科学院以后，开始了对物理光学的研究。他在担任院士期间，曾去英国旅行，并在剑桥会见了牛顿，两者交流了对光的本性的看法，但此时惠更斯的观点更倾向于波动说。回到巴黎之后，他仔细地研究了牛顿的光学实验和格里马尔迪实验，认为其中有很多现象都是微粒说所无法解释的。因此，他提出了更为完整的波动学说理论。

惠更斯认为：光是一种机械波；光波是一种靠物质载体来传播的纵向波，传播它的物质载体是以太；波面上的各点本身就是引起载体振动的波源，如图6-2所示。根据这一理论，惠更斯证明了光的反射定律和折射定律，也比较好地解释了光的衍射、双折射现象和著名的"牛顿环"实验。

惠更斯还举出了一个通俗易懂的例子来反驳微粒说：如果光是由粒子组成的，那么在光的传播过程中各粒子必然互相碰撞，这样一定会导致光的传播方向的改变，而事实并非如此。

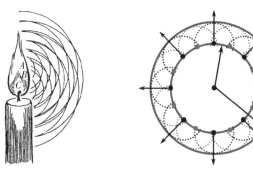

图6-2 惠更斯描绘的光波示意图、惠更斯原理示意图

1678年，惠更斯向巴黎科学院提交了他的光学论著《光论》并发表了反对微粒说的演说。在《光论》一书中，他系统地阐述了光的波动理论。

就在惠更斯积极地宣传波动学说的同时，牛顿的微粒学说也逐步建立起来了。牛顿修改和完善了他的光学著作《光学》。基于各类实验，在《光学》一书中，牛顿一方面提出了两点反驳惠更斯的理由：第一，光如果是一种波，它应该同声波一样可以绕过障碍物，不会产生影子；第二，冰洲石的双折射现象说明光在不同的边上有不同的性质，波动说无法解释其原因。另一方面，牛顿把他的物质微粒观推广到了整个自然界，并与他的质点力学体系融为一体，为微粒说找到了坚强的后盾。

在胡克去世后的第二年（1704年），《光学》才正式公开发行。当时惠更斯与胡克已相继去世，波动说一方无人应战。由于牛顿对科学界所做出的巨大贡献，及其崇高威望，人们对他的理论顶礼膜拜，重复他的实验，并坚信与他相同的结论。整个18世纪，几乎无人向微粒说提出挑战，加之波动说的不完

善，使光的微粒说在17、18两个世纪占统治地位，这是否意味着波动说会永久沉默下去呢？

6.3　杨氏双缝干涉实验

1800年正是微粒说占上风的时期，英国物理学家托马斯·杨发表了《关于光和声的实验与研究提纲》的论文，文中他公开向牛顿提出挑战："尽管我仰慕牛顿的大名，但是我并不因此而认为他是万无一失的。我……遗憾地看到，他也会弄错，而他的权威有时甚至可能阻碍科学的进步。"

牛顿的"微粒说"几乎没有解释几束光波相遇后互不影响而继续向前传播的这一现象，所以"微粒说"是有可质疑之处的。在托马斯·杨看来，要想使"微粒说"破灭，首先要有实验能证明上述现象。托马斯·杨想到：光波和声波有一定的联系，它们是否都具备同一种性质（即波的性质）？他朝着这个想法出发，用杨氏双缝实验验证了光是一种波的想法。

1800年托马斯·杨提出可把光看成是类比成声音那样的波动，从水波和声波的实验出发，大胆提出：在一定条件下，重叠的波可以互相增加或互相减弱，甚至抵消，并首先提出"干涉"的术语。

1801年托马斯·杨把"干涉"引入到光学领域，提出了著名的干涉原理："同一束光的两个不同部分，以不同的路径要么完全一样地，要么在方向上十分接近地进入眼睛，在光线光程差是某个长度的整数倍的地方，光就增强，而在干涉区域的中间部分，光将最强。对于不同颜色的光束来说，这个长度是不同的。"

为了验证自己的理论，从1801年起，他在皇家学院担任教授期间，完成了对干涉现象的一系列杰出的研究工作，其中就包括著名的双缝干涉实验，如图6-3所示。

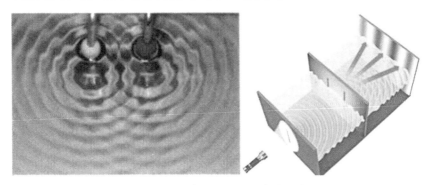

图6-3　水的干涉、光的干涉演示操作图

托马斯·杨的实验操作如下：首先将一束光照射在开有狭缝的遮光板上，以通过的光作为光源，然后在光源后面放置另外一块不透明的遮光板，板上开有两个靠近且平行的狭缝，这两个狭缝与最原先的那个狭缝距离相等，最后放一个光屏用于接收透过来的光线。结果，在屏上两束光交叠的区域出现一系列等距的明暗相间的干涉条纹。该实验说明两束光线可以像波一样相互干涉，验证了光的波动性，为波动说提供了最坚实的实验证明。这个实验，被后人以他的名字命名为"托马斯·杨（杨氏）双缝干涉实验[①]"。

后来托马斯·杨还发现利用透明物质薄片同样可以观察到干涉现象，进而引导他对牛顿环进行研究，他用自己创建的干涉原理解释牛顿环的成因和薄膜的彩色，并第一个近似地测定

---

① 本实验具体数学推导请参考人教版教材《普通高中教科书　物理　选择性必修　第一册》第四章中的相关内容。

了七种颜色的光的波长，从而完全确认了光的周期性，为光的波动理论找到了又一个强有力的证据。

6.4　杨氏干涉实验的意义

托马斯·杨发展了光的波动理论，使之置于坚实的实验基础之上，对光的干涉和衍射都做出了正确的解释。杨氏干涉实验强有力地验证了光具有波动性这一种属性，现代物理学中将光的干涉作为光的波动性的最具说服力的证据。光的干涉不仅反驳了坚不可摧的牛顿微粒说，奠定了波动说的基础，为之后光的偏振、衍射以及再往后的光学研究提供了理论依据，推进了光的波动性质的进一步探索。

杨氏干涉实验为波动光学的复兴做出了开创性的工作，由于它的意义重大，已作为物理学的经典实验流传于世，它也被誉为"十大最美物理实验之一"。爱因斯坦指出：光的波动说的成功，在牛顿物理学体系上打开了第一道缺口，揭开了现今所谓的场物理学的第一章。这个实验也对一个世纪后量子学说的创立起到了至关重要的作用。

6.5　百科全书式的学者——托马斯·杨

托马斯·杨（Thomas Young，1773—1829），英国物理学家、波动光学的奠基人。1773年6月13日生于英国萨默塞特郡的米尔弗顿。他出身于商人和教友会会员的家庭，自幼智力过人，有神童之称，2岁会阅读，4岁能背诵英国诗人的佳作和拉丁文诗，9岁掌握车工工艺，能自制一些物理仪器，9~14岁自学并掌握了牛顿的微分法，学会多种语言（法语、意大利语、波斯语、阿拉伯语等）。他的一生曾研究过多种学科（物理、数学、医学、天文、地球物理、语言学、动物学、考古学、科学史等），并精通绘画和音乐，在科学史上堪称百科全书式的学者，更以物理学家著称于世。

图6-4 托马斯·杨

1829年5月10日，56岁的托马斯·杨因心脏动脉硬化不治，停止了他从不疲倦的思考，放下了手边正在编写的埃及字典的工作，在伦敦悄然离世。他被安葬在神圣的威斯敏斯特教堂（Westminster Abbey），俗称西敏寺，在那里长眠着牛顿、达尔文、丘吉尔、弥尔顿、狄更斯和简·奥斯汀等伟人。托马斯·杨的墓志铭上说他是"a man alike eminent in almost every department of human learning"[1]（一个在人类求知的几乎每个领域中都享有崇高地位的人）。

（余建刚）

① ANDREW ROBINSON. The last man who knew everything: Thomas Young[M]. Oxford: Oneworld Publications, 2006.

7

花粉在静水中
为什么会动

——布朗运动

发现始于观察。物质是由什么组成的？古今物理学家曾对此各执己见，没有得出一致结论。一位对植物感兴趣，热衷于对植物进行收集、分类并研究生理机能的科学家——布朗，通过显微镜观察到了花粉的"抖动"。这是植物生命力的表现吗？还是有其他原因呢？对花粉"抖动"原因的论证，是否对了解物质的组成有所帮助呢？

7.1 原子–分子论发展历程

"万物是由原子组成的"，这种观点自古希腊就有。古希腊原子论者留基伯、德谟克利特认为，亘古以来就存在着无数的原子，原子既不能创生，也不能消灭。原子是世界上最小的、不可再分的物质微粒，原子在无限的虚空中做永恒的运动，宇宙万物都是由原子组成的。但很久以来，这种"原子说"并没有证据，因此只是一种哲学上的思辨。

英国科学家道尔顿（John Dalton，1766—1844）、法国科学家盖－吕萨克（Joseph Louis Gay-Lussac，1778—1850）、意大利科学家阿伏加德罗（Amedeo Avogadro，1776—1856）相继提出一系列论断，最后以盖－吕萨克的实验为基础，引入了"分子"概念，并把它与原子概念相区别：原子是参加化学反应的最小微粒，分子是游离状态下单质或化合物能够独立存在的最小粒子。单质的分子是由相同元素的原子组成，化合物的分子则由不同元素的原子组成。

1860年，德国卡尔斯鲁厄召开了一个国际会议，会上，意大利的康尼查罗（Stanislao Cannizzaro，1826—1910）散发了他于1858年发表的论文，指出只要接受阿伏加德罗的分

子学说，测定原子量、确定化学式的困难都可迎刃而解。他的
论点迅速得到了各国化学家的承认，原子－分子论终于得到了
公认。

可是，关于原子、分子是否存在的争论并没有因此而停
息。反对派的主要论点有两个：第一个论点是从实证论出发，
认为科学只研究那些可以被观察、测量和称重的事物，既然不
能直接看到原子、分子，那么以它为基础建立起来的理论是靠
不住的；第二个论点是从唯能论出发，认为物理学的任务就是
研究能量的转化规律，因而分子运动论是多余的。

关于分子运动论的争论影响到了爱因斯坦。爱因斯坦刚步
入社会时的五篇论文涉及了大量分子运动的内容。可以看出，
当他还在上大学时就高度关注着这场论战。

7.2　微小粒子运动记述简介

布朗不是最先记述流体中微小粒子运动的人，公元前60年
左右，罗马诗人卢克莱修（Lucretius）就注意到悬浮于空气中
灰尘粒子的抖动（他宣称那是极微小空气粒子存在的证明），
但他看到的更可能是对流和乱流的作用。1785年，英根豪斯
（J.Ingenhousz）讨论煤灰粒子在酒精表面的怪异运动时，才
对此现象做出有意义的评论。

7.3　布朗运动实验

布朗虽然只是对收集植物、将之分类并研究它们的生理机能
感兴趣，但他也着迷于在当时仍是科学新奇仪器的显微镜下观察
悬浮于水中的花粉微粒。在那些花粉微粒之中，他注意到甚至有

更小的粒子似乎在随机抖动，就好像花粉微粒是活的一样。

布朗决定使用更多其他的植物微粒以及煤炭、玻璃、金属和灰尘的粉末来重复此实验。在实验中，他看到了相同的抖动行为，于是便下了结论说，此运动并不是因为花粉粒子是活的而出现，因为它也出现在灰尘样品上。正如他当时所写的："这些运动都是那样，符合我的想法……它们既非液体的流动所产生，亦非慢慢蒸发而形成，而是属于粒子本身。"①

可是布朗也没能揭示花粉粒子抖动的具体原因。

关于花粉抖动原因的猜测和证明一直在持续。有科学家看到在加热和光照使液体黏度降低时，微粒的运动加剧了。他提出布朗运动是由于微观范围的流动造成的。到了19世纪70—80年代，人们从真菌、细菌等通过空气传播的现象，发现这些微粒即使在静止的空气中也可以保持不沉，联系到物理学中气体分子以很高速度向各方向运动的结论，推测在阳光下看到尘埃的飞舞是气体分子从各方向撞击的结果。后来科学家又证明了花粉"抖动"的无规则性，并且微粒的速度随粒度增大而降低，随温度升高而增加。

爱因斯坦推论说，假如微小但看得见的粒子悬浮于液体中，液体中的原子和分子会不断冲击这些悬浮的粒子，导致它们随机运动。爱因斯坦在他1905年的一篇论文《论热的分子运动理论所要求的静止液体中悬浮小粒子的运动》中详细解释了此运动，他证明粒子移动的均方距离是时间的线性函数，速率则视温度、阻力系数以及玻尔兹曼常数而定。

---

① 申先甲. 物理学史教程[M]. 长沙：湖南教育出版社，1987：278.

7.4 分子运动的宏观体现——布朗运动

有了悬浮微粒连续位移对应时间的精确图表，此预测即可用实验来检验。法国物理学家佩兰（J.Perrin）做了实验，他的实验结果"对于爱因斯坦所提出的公式之正确性毋庸置疑"[①]。1991年，多伊奇（D.Deutsch）在《美国物理学会会报》发表了一篇短评，质疑布朗时代的显微镜是否有足够倍率可以让布朗观察到他所声称的现象。一位英国的显微镜学家福特（B.Ford）为布朗辩护，说明从布朗的作品中可知，这位植物学家是在封闭的环境中研究粒子，显然他知道乱流和对流可能会影响到他的观察。福特还准确地重复了布朗原始的操作，并加以录像。大多数的科学家现在都接受布朗原始的花粉粒子观察确实是布朗运动的结果。

7.5 仔细观察的植物学家——布朗

罗伯特·布朗（Robert Brown，1773—1858），出生于苏格兰的东海岸的芒特罗兹，在爱丁堡大学学习医学，1795年成为一名军医。主要贡献是对澳洲植物的考察和发现了布朗运动。

1800年，布朗受邀到澳洲考察澳洲植物，历经了三年半的时间总共搜集了3400种标本，其中有大约

图7-1　罗伯特·布朗

---

① 佩兰因此获得1926年诺贝尔物理学奖。

2000种都是以前没有人发现过的；1805年，布朗归国，之后用了5年的时间研究搜集到的材料，鉴定了大约1200种新品种并发表鉴定结果。1810年，布朗出版了系统研究澳大利亚植物的著作《新荷兰的未知植物》，并接手"约瑟夫博物库"。

1827年，布朗在研究花粉和孢子在水中悬浮状态的微观行为时，发现花粉有不规则的运动，后来证实其他微细颗粒，如灰尘也有同样的现象，虽然他并没能从理论上解释这种现象，但后来的科学家用他的名字将这种现象命名为布朗运动。1828年，布朗命名了细胞核，虽然他并不是第一个发现细胞核的人，但是他证实了细胞核的普遍存在并命名。1837年大英博物馆的自然历史部被划分为三个部门，布朗成为植物学部的部长，一直到他去世。人们将他下葬在伦敦的坎萨尔·格林公墓。

（李才强）

电能生磁，
磁能生电吗

——法拉第电磁感应实验

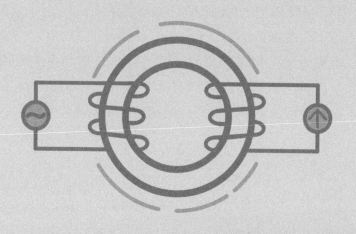

"顿牟缀芥，磁石引针"——这是我国先人对电、磁现象的细致观察。西方的先贤们也在思索，电和磁有没有联系？有怎样的联系？哲学家康德曾说过："各种自然现象之间是相互联系和相互转化的。"物理学家奥斯特曾猜想说："物理学将不再是关于运动、热、空气、光、电、磁以及我们所知道的各种其他现象的零散地罗列，我们将把整个宇宙纳在一个体系中。"

电与磁之间有怎样的关联？又是谁发现了它们之间的关联？让我们一起来回望这段传奇的岁月，去寻找问题的答案吧。

8.1 "机遇只偏爱那种有准备的头脑"——电生磁

在物理学的发展史上，人们曾在相当长的一段时期内一直未找到电与磁的联系，而是把电与磁现象作为两个并行的课题分别进行研究。直至1820年7月奥斯特发现了电流的磁效应后，才不再把电与磁作为一个整体看待。

奥斯特（Hans Christian Oersted，1777—1851），丹麦物理学家，信奉康德的哲学，认为自然界中的各种基本力是可以相互转化的。1820年4月，奥斯特在做有关电和磁的演讲时，尝试将磁针放在导线的侧面，正当他接通电源时，发现磁针轻微地晃动了一下，如图8-1所示，他意识到这正是他多年盼望看到的现象。经过反复实验，奥斯特终于查明电流的磁效应是沿着围绕导线的螺旋方

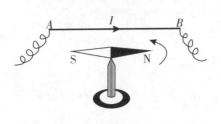

图8-1　奥斯特实验示意图

向。1820年7月21日，他以拉丁文简洁地公布了60多次实验的结果，震动了整个物理学界。

当时有些人认为奥斯特的发现并没有什么了不起，只是"偶然碰上的事件"罢了。然而事实上，在获得这个新发现之前，奥斯特对电和磁的统一性已经研究了十几年，一直在设法证实电和磁的联系，所以奥斯特发现电能生磁不完全是机遇在起作用，而是偶然中的必然。正如巴斯德的那句名言："在观察的领域里，机遇只偏爱那种有准备的头脑。"

8.2　"众里寻他千百度"——同行的探索

1820年，丹麦物理学家奥斯特发现电流的磁效应，这一重大发现第一次揭示了电与磁的关联，突破了长期以来电与磁互不相干的僵固观念。发现电流的磁效应后，科学家们展开了对称性的思考：电和磁是一对和谐对称的自然现象，既然电能生磁，那么磁应该也能生电。于是，当时许多著名的科学家如法国的安培、菲涅尔、阿拉果，瑞士的科拉顿，英国的沃拉斯顿等，都纷纷投身于探索磁与电的关系之中，他们尝试探索磁体或电流在其附近导体中感应出的电流。结果会是怎样呢，他们成功了吗？

在奥斯特公布他的发现不久，菲涅耳就宣称他把磁铁放在螺旋线圈里，能够成功地由磁产生电。但是当其他科学家尝试重做这个实验时，却没能产生电，不过菲涅耳的这一发现却启发了安培，使其开始着手探索这一方面。1822年夏末，安培在日内瓦做了这样一个实验：在一个水平放置的多匝线圈里，悬挂一个比线圈略小的铜圆环，并使两者圆心重合，在线圈附近有一马蹄形强磁体，当线圈接通电源时，观察到铜环发生偏转。①具有敏锐洞察力的安培在记录实验时写道："如承认在铜环中不存在可以形成运动电流的少量铁，那么这个实验无疑证明了感应能产生电流。"但令人费解的是，安培在记述里给出了轻率的结论："尽管感应能产生电流这一事实很有趣，但它与电动力作用的总体理论无关。"这一实验在当时未予公布。

安培在某些方面取得了成功，但其不恰当地以"分子电流假说"去说明其他众多的电磁现象，完全被自己的理论囚禁起来，以致尽管在一次实验中展现出了磁生电的迹象，却没有引发他正确的认识，从而失去了做出更伟大发现的机会。他是物理学史上又一位"当真理碰到鼻尖上的时候，却还是没能得到真理"的人物。

1823年，瑞士物理学家科拉顿尝试用磁铁在线圈中运动获得电流。科拉顿做了如下实验：他将一个能反映微小变化的电流表，通过导线与螺旋线圈串联成闭合电路，为了避免磁铁可能对电流表产生的影响，他将螺旋线圈和电流表分别放置在两个相连的房间，如图8-2所示。他将一个条形磁铁插入螺旋线圈内，然后跑到另一个房间里，观察电流表的指针是否偏转。进行多次实验，他都没有发现电流表指针发生偏转。因为感应电流的产生与存在是瞬时的，所以当他跑到隔壁房间时，就观察不到指针的偏转，与发现电磁感应的机会失之交臂。

可以说这是一次"成功的失败"，也是又一次真理碰到

---

① 安培实际上在无意中制成了一个过阻尼冲击电流计，铜环发生的明显偏转，是由感应引起的吸引或排斥效果。

图8-2　"跑失良机"的科拉顿

鼻尖上但也未能悟得的真理。因为科拉顿的实验装置设计得完全正确，如果磁铁磁性足够强，导线电阻不大，电流计十分灵敏，那么在将磁铁插入螺旋线圈时，电流计的指针确实是摆动了的。也就是说，电磁感应的实验是成功了，只不过科拉顿没有看见，他跑得还是太慢，连电流计指针往回摆也没看见。更本质的原因是科拉顿没能转变思想，没有从"稳态"的猜想转变到"暂态"的考虑，从而与发现电磁感应的机会失之交臂。

8.3　"十年磨一剑"——法拉第的成功

为了证明磁能生电，1820年至1831年期间，法拉第做了大量的实验，但磁生电的迹象却始终未出现。失败并没有使他放弃实验，他始终坚信电和磁彼此是有关联的，自然力是统一的、和谐的。

1821年，英国著名杂志《哲学年鉴》的主编邀请戴维写一篇文章，综合评述自奥斯特发现电流的磁效应以来电磁学的发展概况。此时的法拉第只是戴维的助手，戴维把这个任务交给了法拉第。法拉第耗费数月时间认真研读搜集到的关于电、

磁的文献资料，并重复有关的一系列实验。法拉第通过观察磁铁之间的相互作用，电流与电流之间的作用等一系列电磁现象，经类比分析后猜测：既然磁铁可以使近旁的铁块感应具有磁性，电荷可以使近旁的导体感应带有电荷，那么电流也应当可以使近旁的线圈因感应而生出电流，但他始终未能发现感应电流。

1822年，法拉第在他的日记中写下了"磁能生电"的思想印记，并在这一思想的坚持下开始了漫长的探索。

1824年，法拉第把强磁铁放在线圈内，在线圈附近放小磁针，结果小磁针并不偏转，表明线圈并未因其中放了强磁铁而产生感应电流。

1825年，法拉第把导线回路放在另一通以强电流的回路附近，期望在导线回路中能感应出电流，但没有任何结果。

1828年，法拉第又设计了专门的装置，使导线回路和磁铁处于不同位置，但仍然未见导线回路中产生电流。

虽然历经了无数次的失败，但法拉第运用已有的知识和经验直觉，仍然坚信磁是可以产生电的。

1831年夏天，法拉第用一个软铁环（如图8-3所示），环上绕了2个相互绝缘的线圈A和B，把B边线圈的两个端点连接，并使其经过一根磁针的上方（磁针距铁环3英尺远），然后把电池连接在A边线圈的两端时。在这刹那，法拉第敏锐地观察到磁针振荡了几下，最后又停在了原先的位置上。难道真的有电流产生出来了吗？法拉第惊喜起来，他试了一次又一次，果然都观察到了相似现象。法拉第继续试验，他注意到如果维持线圈的通电状态，磁针毫无反应。而在断开A边与电池的连接的一瞬间，磁针再次被扰动。长期对磁生电现象的追寻研究，使法拉第也突然领悟到电磁感应现象是一种在变化和运动过程中出现的、非恒定的暂态效应。经过10余年的苦苦追寻，在突破静止、恒定的局限之后，电磁感应现象终于出现！正所谓"十年磨一剑，一朝试锋芒"。

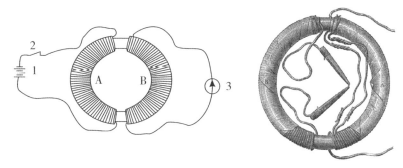

图8-3　1831年法拉第实验图和线圈手绘图

为了透彻研究电磁感应现象，法拉第做了几十个实验，并进行了归纳。1831年11月24日，法拉第在英国皇家学会宣读了他发现电磁感应现象的论文《电学的实验研究》。法拉第根据自己的实验，把产生感应电流的情况概括成五类：变化的电流、变化的磁场、运动的恒定电流、运动的磁铁、在磁场中运动的导体，并把这些现象正式定名为"电磁感应"。这一发现进一步揭示了电与磁的内在联系，为建立完整的电磁理论奠定了坚实的基础。

法拉第之所以能够取得这一卓越成就，是同他关于各种自然力的统一和转化的思想密切相关的。正是这种对于自然界各种现象具有普遍联系的坚强信念，支持着法拉第矢志不渝地为从实验上证实磁向电的转化而探索不已。

8.4 "新生的婴儿有什么用？"

1831年，法拉第发现了电磁感应现象之后，他又利用电磁感应发明了世界上第一台发电机——法拉第圆盘发电机。这台发电机构造如图8-4所示，有一个紫铜做的圆盘在磁场所中转动，圆心处固定一个摇柄，圆盘的边缘和圆心处各与一个黄铜电刷紧贴，用导线把电刷与电流表连接起来；紫铜圆盘放置在蹄形磁铁的磁场中。当法拉第转动摇柄，使紫铜圆盘旋转起来时，电流表的指针偏向一边，这说明电路中产生了持续的电流。

有一次圣诞节前夕，法拉第向公众表演这一最新实验时，在场的一位贵夫人取笑地问："先生，你发明这个玩意儿有什么用呢？"法拉第回答："夫人，新生的婴儿又有什么用呢？"幽默的回答，足见法拉第的幽默睿智和卓识远见。

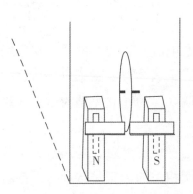

图8-4　法拉第圆盘发电机

8.5 电学之父——迈克尔·法拉第

迈克尔·法拉第（Michael Faraday，1791—1867），于1791年9月22日生于伦敦附近小村庄里的一个铁匠家庭，家里不是特别有文化。由于家境贫穷且兄弟姊妹众多[①]，法拉第幼年并没有受到完整的初等教育，13岁就在一家书店当送报和装订书籍的学徒。但他有强烈的求知欲，挤出一切休息时间"贪婪"地力图把他装订过的所有书籍都从头读一遍。读后还临摹插图，工工整整地做读书笔记；用一些简单器皿照着书上进行实验，仔细观察和分析实验结果，把自己的阁楼变成了小实验室。在这家书店的八年里，法拉第一直废寝忘食、如饥似渴地学习。

图8-5　迈克尔·法拉第

1813年3月，24岁的法拉第担任了皇家学院助理实验员，成为化学家戴维的助手。戴维是英国皇家学院的爵士，在科学上做出过重大贡献。在戴维去世之前，有人问他这一生最大的成就是什么时，这位发现了15种元素的"无机化学之父"说："我一生最大的发现，是发现了法拉第。"

从1820年9月至1862年3月，法拉第对所从事的实验研究工作，都作了详细记录，经后人整理出版，共七大卷，三千多页，这就是著名的《法拉第日记》（*Faraday's Diary*），法拉第在实验上的重要发现均记录在其中。法拉第发表的关于电磁

---

① 法拉第共有9个兄弟姊妹。

学的论文，汇成了三大卷《电学的实验研究》，这是电磁学史上著名的鸿篇巨制。这套巨著真实而详尽地记录了他一生中成功和失败的实验共16 041个，对以后几代物理学家甚至对现代物理学家都有成功与失败的教益。

除了科学研究外，法拉第还热心于科学成果的交流和科学知识的传播普及工作。1825年法拉第任实验室主任后，经常接待参观访问，并组织"星期五晚间讲座"，邀请许多科学家讲演。法拉第曾花费许多精力来提高他的演讲技术，并且为此而名声卓著，法拉第曾讲演100多次，既介绍他自己的研究成果，也介绍别人的发现以及各种实用技术；他最有名的一些讲演被编成著名的科普著作《蜡烛的故事》（*The Chemical History of a Candle*），在各国广为流传。

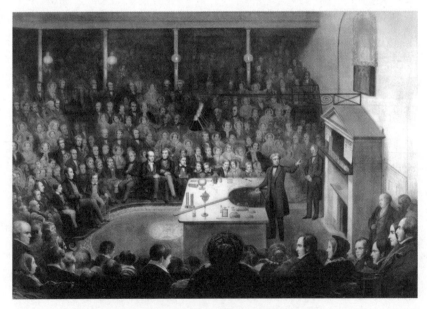

图8-6　法拉第做科学演讲的场景

　　法拉第的一生，不求名不求利，一直在皇家学院工作，年薪仅有100英镑，只能维持最基本的生活，在皇家学院实验楼有两间极其简朴的住宅。维多利亚女王曾多次想给他封爵，他都婉言谢绝了。1858年，有人提议让法拉第接替皇家学会会长，他决意不担任这一职务，要做一位只爱科学的平头百姓。法拉第在1865年辞去了皇家学院教授职务，在他生命的最后时刻，他留下遗言：坚决拒绝皇室为他在威斯敏斯特教堂牛顿墓旁预留的墓地，他要求将自己葬在最普通的墓碑之下，只需几位亲戚和朋友参加葬礼。他对妻子这样说："我父亲是个铁匠的助手，兄弟是个手艺人，曾几何时，为了读书学习，我当了书店的学徒。我的名字叫迈克尔·法拉第，将来，刻在我的墓碑上的也唯有这一名字而已！"

　　恩格斯称赞这位铁匠的儿子法拉第是"到现在为止最伟大的电学家"。

（余建刚）

9

搅拌水，
水温会上升吗

——焦耳热功当量实验

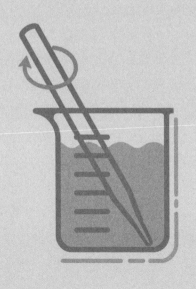

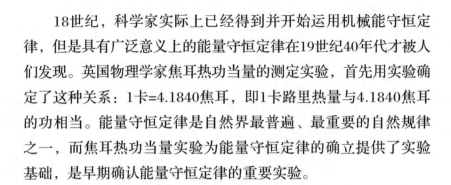

18世纪，科学家实际上已经得到并开始运用机械能守恒定律，但是具有广泛意义上的能量守恒定律在19世纪40年代才被人们发现。英国物理学家焦耳热功当量的测定实验，首先用实验确定了这种关系：1卡=4.1840焦耳，即1卡路里热量与4.1840焦耳的功相当。能量守恒定律是自然界最普遍、最重要的自然规律之一，而焦耳热功当量实验为能量守恒定律的确立提供了实验基础，是早期确认能量守恒定律的重要实验。

9.1 热学理论迅速发展

在18—19世纪，由于蒸汽机的发展，热学成为一门具有非常重要意义的实用科学，因此重新引起人们对热学理论的注意。

9.1.1 量热学的发展

在蒸汽机的研制中遇到的汽化、凝结现象以及冶金、化学工业中涉及的燃烧、熔解、凝固等过程中引人注目的吸热、放热现象，广泛存在的热传递现象，使人们很自然地产生了一种直觉的猜测：在冷热程度不同的物体之间，似乎总有某种"热流"从较热的物体向较冷的物体传递，从而引起物体冷热状态的变化。如何对这种"热流"进行定量的测量和计算，是对热现象进行精确的实验研究所必须解决的问题。因此，从18世纪中叶开始，在热学领域内逐渐发展起了"量热学"这个新的分支。

伽利略发明的第一件实用的定量热学仪器——气体温度计，虽然灵敏却不够准确。温度测量技术在17世纪和18世纪有了巨大的发展，华伦海特、列奥默、摄尔修斯等人的贡献都非常大。这些科学家研制了几种改进型的液体温度计，并确定了各种温度参考点，有了这些温度参考点，就可以确定温标。经过大量的研究工作，人们制造出了愈来愈精确的温度计，并在医学、热学和气象学的研究方面进行了广泛的应用。温度计的发明使准确地测定物体的冷热程度以及冷热变化的幅度成为可能，无疑把人类对热的认识推进了一大步。

18世纪后半叶，英国著名化学家、物理学家布莱克（Joseph Black，1728—1799）首次界定区分温度和热量这两个此前被长期混淆的概念，他还创立了量热学这门科学，并在量热学的研究中得出了比热的概念；他还发现了潜热的概念：当物质的状态发生变化时，比如从冰到水的状态变化中，有大量的热被吸收，而温度却没有变化。

9.1.2 热的本性之争

热学理论尽管有了上述进展，但人们对热的本质还是没有搞清楚，各时期流行的主要有热动说和热质说这两种观点。下面，让我们一起看看各时期人们对热的认识。

长期以来，培根、玻意耳、笛卡尔、牛顿、罗蒙诺索夫等科学家从摩擦生热等现象出发，得出热动说。培根认为"热是一种膨胀的、被约束的而在其斗争中作用于物体的较小粒子之上的运动"。玻意耳认为"热是物体各部分发生的强烈而杂乱的运动"。笛卡尔认为"热是物质粒子的一种旋转运动"。胡克用显微镜观察了火花，认为"热是物体各个部分的非常活跃和极其猛烈的运动"。牛顿认为"热是组成物体的微粒的机械运动"。罗蒙诺索夫根据摩擦、敲击生热等现象认为热的根源在于运动。上述观点总体上来说都是正确的，但是缺少足够的实验根据，还不能成为科学的理论被人们接受。

18世纪，认为热是一种不可称量的流体–热质的学说占据了上风。拉瓦锡和拉普拉斯等认为热是由深入到物体的空隙当中的热质构成的；热质被拉瓦西列入化学元素表中。布莱克认为"热是一种没有重量，可以在物体中自由流动的物质"。在热质说的指导下，瓦特改进了蒸汽机。19世纪初，傅里叶建立了热传导理论；卡诺从热质传递的物理图像及"热质守恒定律"得到卡诺定理[①]。热质说在把一系列实验事实和个别规律用一个统一的观点联系起来加以系统化方面起到积极作用。

到1840年，人们开始了解到自然界的各种能量至少有一些是可以相互转换化的。最早提出这一观点的是德国医生迈尔。1840年，他作为随船医生去过爪哇，发现那里病人的静脉血比他预计的要红得多，于是开始思考动物热问题。1842年，他在《论无机界力（能量）的说明》一文，主张热变功或功变热均有可能；在空气被压缩时，所有的功都表现为热的假定下，算出了热功当量的数值。同年英国科学家格罗夫爵士在一次演讲中说明了自然界能量相互联系的观点，并在1846年出版的《物理力的相互关系》中阐述这一观念。1847年德国生理学家、物理学家与数学家赫尔姆霍兹根据独立的研究提出的《论力的守恒》，是论述现今中学教材中"能量守恒"定律的最早著作。

9.2　摩擦生热实验的热动说解释

18世纪末，随着物理学的发展，热质说受到了严重的挑

---

① 卡诺定理是热力学中的一个定理，说明热机的最大热效率只和其高温热源和低温热源的温度有关。

战。热质论者在解释摩擦生热现象时，假定摩擦生出的屑末或摩擦后最终态的主要物质的比热要比摩擦以前的初态物质要小些，所以在摩擦过程中热质被"逼出"而表现为温度升高。但在1798年，美国人汤普森（Benjamin Thompson，后称伦福德伯爵，1753—1814）用钻炮膛的实验证明发热的量大致与所做的功的总量成正比，而与削片的量无关。汤普逊在一篇题为《关于用摩擦产生热的来源的调研》中报道了他的机械功生热的实验。他曾在慕尼黑军工厂用数匹马带动一个钝钻头钻炮膛（如图9-1所示），并把炮膛浸在60℉的水中。他发现经过一小时后，水温升高了47℉，两个半小时后，水就开始沸腾。伦福德看到的现象是，只要机械做功不停止，热就可以不停地产生。最后他得出这样一种结论：热是物质的一种运动形式，是粒子振动的宏观表现。他相信热质说和燃素说将一起被埋葬在同一个坟墓之中。

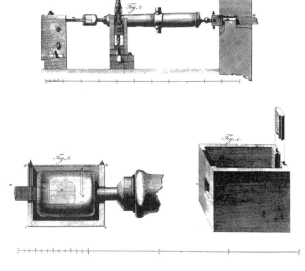

图9-1 伦福德摩擦生热实验

1799年，英国科学家戴维（Humphrey Davy，1778—1829）进行了这样的实验：在一个温度保持在冰点以下的（29℉）的玻璃容器中，把两块冰安装在钟表机构的活动柄上，使冰块相互摩擦，这时不仅冰熔化了，而且生成水的温度还达到了冰点以上（35℉）。在用冰围起来的同样的装置上，使两个金属片相互摩擦，还能使蜡熔化。基于上述实验，戴维断言：热质是不存在的，热是"物体粒子的振动"。

9.3　焦耳的热功当量实验

焦耳认为热量与功有一定的当量关系，即热量的单位卡和功的单位焦耳间有一定的数量关系。1840年至1850年，焦耳通过实验测量了用电和机械功所产生的热量。

1840年焦耳测量电流通过电阻所放出的热量，得到了焦耳定律：电流通过导体在单位时间内放出的热量与导体的电阻成正比，与通过导体的电流的平方成正比。焦耳定律给出了电能向热能转化的定量关系，为发现普遍的能量守恒和转化定律打下了基础。

1841年焦耳写出《电解时在金属导体和电池组中放出的热》一文，其主要观点是：电路中放出的热量和电池中化学变化所产生的热量正好相等；电流的机械动力和产生热的动力都与电流强度有相同的比例关系，所以二者成正比。

1841年焦耳进行了第一次热功当量测量实验。他用手摇发电机发电，将电流通入线圈中，线圈又放在水中以测量所产生的热量。结果发现，产生的热量与电流的平方成正比。这个实验显示了使用机械做功如何转化为电能，最后转变为热能的过程。在此实验的基础上，焦耳第一次测出了热功当量的数值：每千卡热量相当于460千克·米①的功。

1843年8月21日在英国学术会上，焦耳报告了他的论文《论电磁的热效应和热的机械值》，他在报告中说1千卡的热量相当于460千克·米的功。但他的报告并没有得到强烈的反响，这时他意识到自己还需要进行更精确的实验。此后，焦耳又设计了多种方式测定热功当量。

1845年，他设计了压缩气体实验，把一个带有容器的压缩抽气机放入量热器中，通过干燥器将蛇形管中有一定温度的1个大气压的空气压缩至22个大气压。压缩过程可以看作绝热过程，利用绝热过程中的做功公式可以求出压缩的功；量热器的数据给出了升温时所得到的热量。实验测得热功当量值为每千卡热量相当于436千克·米的功。

1847年，焦耳又设计了在一个绝热容器中用叶轮搅动水的方法，更加精确地测定热功当量。实验的思路是搅水使其发热，再计算搅水所做的功与水热量变化的比值。如图9-2，容器中安装有由转轴驱动的叶轮，用以搅动水，叶轮在两侧下降重物的驱动下转动，由于叶片和水的摩擦，水和量热器都变热。这样，通过精确测量重物的重量和运动距离，就能知道搅水所做的功，再由量热器中水温的升高，就可以计算出水获得的热量。把两数进行比较就可以求出热功当量的准确值。

---

① 1千克·米的功就是将1千克（约为9.8牛顿）的物体提升1米位移所做的功。

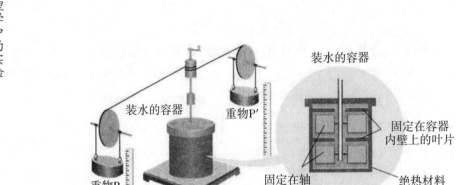

图9-2　焦耳测量热功当量的实验装置

　　焦耳一共做了13组实验，得出一个平均结果：能使1磅水升高1华氏度的热量，等于（或可转化为）把838磅重物举高一英尺的机械功，用现在的通用单位，焦耳测得的热功当量数值大约是460（千克·米）/千卡。

　　焦耳还用鲸鱼油代替水来做实验，测得热功当量的平均值为423.9（千克·米）/千卡。接着又用水银来代替水，他通过不断改进实验方法，提高实验精度。焦耳在1849年发表的《论热功当量》一文中，总结了以往的工作结果，由实验得出用水摩擦得出的热功当量值是423.2（千克·米）/千卡，量热器中注入水银时测得当量值是425.77（千克·米）/千卡。

　　由上述实验得出以下结论：

　　（1）无论是固体还是液体，它们摩擦时产生的热量总是与所消耗的功的数量成正比；

　　（2）可以使1磅水（在真空中称量，温度在55 ℉～60 ℉之间）温度升高1 ℉的热量，需要消耗相当于772磅重物从下落1英尺所做的机械功。

　　然而，当焦耳在1847年的英国科学学会的会议上再次公布自己的研究成果时，他还是没有得到支持，很多科学家都怀疑他的结论，认为各种形式的能相互转化是不可能的。威廉·汤姆孙、法拉第等大部分物理学家当时都承认热质说，对焦耳的实验结论表示怀疑。直到1850年，其他的科学家用不同的方法做实验发现了能量守恒定律和能量转化定律，他们的结论和焦耳相同，这才使焦耳的工作得到承认。同年，焦耳当选为英国皇家学会会员，标志着英国科学权威的观点发生明显改变。

焦耳在开始进行这一工作后的将近四十年中，用各种方法进行了四百多次的实验，这种锲而不舍、精益求精的精神令人敬佩。焦耳的实验为能量转化与守恒定律奠定了坚实的实验基础，成为能量守恒定律的实验支柱。

9.4 着迷实验的业余科学家——焦耳

焦耳（James P. Joule，1818—1889），英国物理学家，是最先用科学实验确立能量守恒和转化定律的人。1818年12月24日，焦耳出生于英国曼彻斯特的索福特，他的父亲是一个富有的啤酒酿酒厂主。焦耳自幼身体不好，一心在家里念书。他从小对实验着迷，而且特别热衷于精密的测量工作。父亲支持他搞科学研究，为他建了一个实验室。焦耳在一生中没有入职任何大学或者研究机构，可以说是民间物理学家，他的很多实验都在自家酿酒厂中开展。他所做实验成功的重要因素，在于酿酒产业对温度控制的精细要求，焦耳自制

图9-3 焦耳

的温度计能够分辨小至0.003 ℃的差别。

青年时期，在别人的介绍下，焦耳认识了著名的化学家道尔顿。道尔顿给予焦耳热情的教导。焦耳向他学习了数学、哲学和化学，这些知识为焦耳后来的研究奠定了理论基础。道尔顿还教会焦耳理论与实践相结合的科研方法，更加激发了焦耳对化学和物理的兴趣。

1833年，焦耳父亲退休。焦耳开始经营家族啤酒厂，同时在业余时间继续进行热量和机械功的测定工作，并将实验研究写成系列论文。在这些论文的基础上，他最终完成关于热功当量的伟大著作，于1850年出版，这使焦耳成为能量守恒定律的奠基人，也是其一生最伟大的成就。后人为了纪念他，把能量、热量和功的单位命名为"焦耳"，简称"焦"，并用焦耳姓氏的第一个字母"J"来表示。

（韩德国）

10

电磁波和光波谁更快

——赫兹电磁波实验

19世纪60年代，法拉第和麦克斯韦建立电磁场理论，麦克斯韦用一组极其优美的方程组，将当时的电学和光学现象统一起来，使电磁学成为经典物理学中的一个重要分支。1873年，麦克斯韦出版《电磁通论》，该书是集电磁学大成的划时代著作，全面地总结了19世纪中叶以前对电磁现象的研究成果，建立了完整的电磁理论体系。这是一部可以同牛顿的《自然哲学的数学原理》相媲美的里程碑式的著作。麦克斯韦的理论预言了电磁波的存在，根据他的方程组，还可得出电磁波在真空中的传播速度等于电量的电磁单位与静电单位的比值，其值与光在真空中传播的速度相同。

"麦克斯韦的理论是如此新颖和深刻，尽管它具有内在的完美性……但一时却不能为人们所接受，有许多著名学者对这个未经实验检验过的新理论表示怀疑。甚至像赫尔姆霍兹和玻尔兹曼这样拥有异常才华的人也要花几年的力气才能理解它。"要检验麦克斯韦电磁场理论的正确性，关键在于证明电磁波的存在。天才式的预言期待着天才式的实验验证。

10.1　麦克斯韦电磁理论需要实验验证

19世纪中叶以前，在电磁学的实验研究基础上，库仑定律、高斯定律、法拉第定律、安培定律已经先后建立，为电磁学理论的突破性发展奠定了基础。到了19世纪五十年代到六十年代，青年物理学家麦克斯韦完成电磁理论。麦克斯韦通过关于电磁学的三篇重要论文：《论法拉第的力线》[①]、《论物理

---

① 1855年，第一次赋予法拉第的力线概念以数学形式，初步建立电与磁之间的数学关系。

的力线》①、《电磁场的动力学理论》②对前人和他自己的工作进行了综合概括。1868年，麦克斯韦发表了《关于光的电磁理论》，明确地把光概括到电磁理论中。1873年出版《电磁通论》，系统、全面、完美地阐述了电磁学理论成果，集电磁场理论之大成。由于麦克斯韦理论所包含的深刻又新颖的思想还难以被物理学家们所理解，所以想要人们接受它还需要更强有力的实验证据。

1870年以后，赫尔姆霍兹尝试去统一已有的诺艾曼、韦伯和麦克斯韦的电磁理论。通过几年的研究，他发现，关键的问题是证明"位移电流"的存在。1879年，柏林科学院以"用实验建立关于电磁力和绝缘体介质极化的关系"为题，设立有奖征文，要求证明以下三个假设：①如果位移电流存在，必定会产生磁效应；②变化的磁力必定会使绝缘体介质产生位移电流；③在空气或真空中，上述两个假设同时成立。这次征文是赫兹进行电磁波实验的起因。

在这种状况中，少数人试图以"用电的方法产生在空中传播的波动"来证明麦克斯韦理论的普遍正确性。

赫尔姆霍兹在1847年得出结论：莱顿瓶的放电具有振荡的性质。1853年，威廉·汤姆孙（William Thomson，1824—1907）从理论上证明，电容器的放电是振荡的，并给出了计算振荡频率的公式；1858—1862年，费德森（B.W.Feddersen，1832—1918）通过放电火花在旋转镜里的像来观察这种振荡；

---

① 1862年，提出位移电流、电磁场等新概念，给出电磁场理论更完整的数学表述。

② 1864年，总结出电磁场方程，并提出电磁波概念，提出"光是一种按照电磁定律在场内传播的电磁扰动"的结论。

1870年，贝佐尔德（Wilhelm von Bezold，1837—1907）用一个带有火花隙的线圈连接到一个自由端的长导线上，导线上面放着一块均匀撒着石松子的玻璃，观察到了导线上的电流驻波。他用莱顿瓶放电的方式给线圈输入振荡电流，由于线圈具有选频作用，经过线圈选出的电流波再输入长导线，在导线中形成电流驻波。在驻波的影响下，玻璃上的石松子则形成疏密相间的图案，他的方法对赫兹有一定影响。1883年，英国物理学家乔治·斐兹·杰拉尔德（George Fitz Gerald，1851—1901）根据威廉·汤姆孙1853年的工作结果，得知放电的电容器可以作为电磁波的波源。可是，他还不知道这样产生的电波的检测方法。

10.2　赫兹电磁波实验

赫兹进入柏林大学数理系学习后，被赫尔姆霍兹发现其才干，进入赫尔姆霍兹实验室，成为其实验助手。在实验室，赫兹的理论修养和实验技能等各方面都得到了提高。柏林科学院发布有奖征文后，在赫尔姆霍兹的指导下，赫兹把"从实验上证实电动力学的力与绝缘体介电极化之间存在某种联系"这个课题作为研究的中心课题。

从1879年至1886年，赫兹对上述问题苦苦思索了7年。直到1886年秋天，幸运之神降临了。在这年秋天，他发现可以在短金属导体上获得有规律的、较强的高频振荡，即如图10-1所示的赫兹振荡器。他在《论高频电磁振荡》的论文中公布了这一发

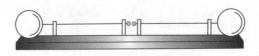

图10-1　赫兹振荡器

现。1886年10月,赫兹在做放电实验时,偶然发现近旁一个线圈也发出了火花,赫兹敏锐地想到这可能是电磁共振,于是从10月25日开始集中力量做实验,以验证麦克斯韦的电磁波是否存在。同年12月2日,赫兹发现"两个电磁振荡之间成功地引起了共振现象"。他还发现,可以改变感应圈火花间隙处所附金属电极的形状和大小来控制火花振荡的频率。他把一根导线弯成环状,两端点之间留有间隙如图10-2所示,把环状导线放在感应圈附近。他观测到当感应圈两极间有火花跳过时,环的间隙处也有电流通过,根据测微计显示的火花长度还可测定振荡强度,从而证实了电磁波的存在。

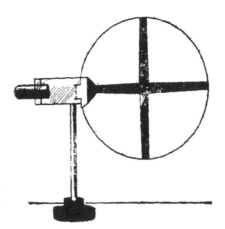

图10-2 赫兹检波器

赫兹借助上述实验证实了三个最为重要的事实:振荡能在线型导体中产生;电火花是电磁振荡的发生器;能在离振荡发生器相当远的地方探测到振荡,而电路中的电火花也是振荡的指示器。

10.2.1 验证位移电流存在

1887年,赫兹在直线振荡器的基础上设计了"感应平衡器"。把一根导线弯成环状(如图10-3所示),两端之间留有间隙,把它放在直线振荡器AA'附近作为感应器。当脉冲电流输入振荡器AA'并在间隙处跳过火花时,在B环的间隙中也产生火花。赫兹将B的位置调整到它的间隙不产生火花，这时再将一块金属C移近感应平衡器。金属C中感应出来的振荡电流产生的附加电磁场作用于感应器B，使B的"平衡"状态遭到破坏，所以在它的间隙处又重新出现电火花。赫兹想到，直线振荡器中的振荡电流既然能使附近的金属产生振荡的感应电流，那么按照麦克斯韦的理论，它也应该能使附近的介质交替极化而形成变化的位移电流，这种位移电流也可以反过来影响"感应平衡器"的平衡状态。赫兹利用沥青、纸、木头、硫黄、石蜡等绝缘物质进行实验，果然证实了自己的想法，从而确证了麦克斯韦"位移电流"的存在。1887年11月5日，赫兹在给赫尔姆霍兹的一篇题为《论在绝缘体中电扰动所引起的电磁效应》的论文中总结了这个重要的发现。

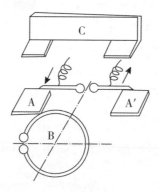

图10-3　感应平衡器实验示意图

通过这种巧妙的实验方法，赫兹终于解决了1879年柏林科学院的悬赏课题，在这项实验研究中赫兹所使用的振荡器和共振器为他此后一系列实验研究奠定了重要的基础。

10.2.2　证明麦克斯韦电磁理论的正确性

1888年3月，赫兹首先对电磁波的速度进行了测定。由于直接测定电磁波的速度是十分困难的，赫兹就利用电磁波形成的驻波测定相邻两个波节间的距离（半波长），再结合振荡器的频率，计算出电磁波的速度。他在一个大屋子的一面墙上钉上一块锌皮，用来反射电磁波以形成驻波（如图10-4所示），在距其13 m的地方用一个直线振荡器作为波源，赫兹用一个感应线圈作为检测器，沿着驻波方向前后移动，在波节处检测器不产生电火花，在波腹处产生的火花最强。赫兹利用这个方法测出了两个波节之间的长度，从而证实了电磁波的速度等于光速。这一成果发表在他的论文《论空气中的电磁波和它们的反射》中。

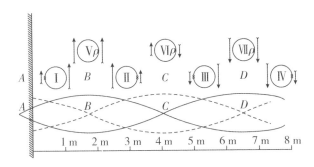

图10-4　电磁波驻波原理图

接着赫兹又成功地利用金属面使电磁波做了45°的反射，用金属凹面镜使电磁波聚焦，用金属栅使电磁波发生偏振，以及利用非导体材料制成的大棱镜使电磁波发生折射，赫兹用这个简单的仪器证明了电磁辐射具有和光类似的性质，从而证明麦克斯韦关于光的电磁理论的正确性。

10.3　赫兹实验的划时代意义

赫兹的实验结果公布以后，轰动了世界科学界，他的发现具有划时代的意义，是近代科学技术史上的一座里程碑。它给予麦克斯韦理论以决定性的证明，这个理论也因此才得到人们的普遍承认，赫兹的实验还促成了无线电技术的诞生，开辟了电子技术的新纪元。

赫兹的实验在世界上引起巨大的反响后，其他国家的科学家都在重复他的实验，对他的实验装置进行了各种改进和完善，开辟了电子技术的新纪元。1896年，意大利的马可尼、俄国的波波夫分别实现了无线电传播，并很快将其投入实际应用。其他无线电技术也像雨后春笋般涌现出来：无线电报（1901）、无线电广播（1906）、导航（1911）、无线电话（1916）、短波通信（1921）、传真（1923）、电视（1929）、微波通信（1933）、雷达（1935）以及遥控、遥测、卫星通信、射电天文等，都是赫兹实验影响的产物。

10.4　电磁波捕捉者——赫兹

图10-5　赫兹

海因里希·鲁道夫·赫兹（Heinrich Rudolf Hertz，1857—1894），德国物理学家。赫兹上柏林大学之前就已经展现出良好的科学和语言天赋，喜欢学习阿拉伯语和梵文。他曾经在德国德累斯顿、慕尼黑和柏林等地学习科学和工程学。赫兹终于遇到了自己人生中最重要的两位导师：德国著名科学家古斯塔夫·基尔霍夫（Gustav Kirchhoff）和赫尔曼·冯·赫尔姆霍茨（Hermann von Helmholtz）。1880年赫兹获得博士学位，继续跟随赫尔姆霍兹学习，直到1883年他收到基尔大学理论物理学讲师的邀请。1885年他获得卡尔斯鲁厄理工学院正教授资格，并在那里完成了给他带来世界性声誉的电磁波实验。赫兹通过实验，确认了电磁波是横波，具有与光类似的特性，如反射、折射、衍射等。赫兹还研究了电磁波的干涉，同时证实了在直线传播时，电磁波的传播速度与光速相同，从而证明了光就是一种电磁波。在此基础上，赫兹还进一步完善了麦克斯韦方程组，使它更加优美、对称，得出了麦克斯韦方程组的现代形式。除了发现电磁波之外，赫兹还在光电效应领域中做出了贡献：他注意到带电金属物体被紫外光照射时，会很快失去它的电荷，即发生了光电效应现象。后来爱因斯坦解释了光电效应的成因。

有学者这样比喻："如果把电磁理论的建立比作一座宏伟的大厦，那么，为这座大厦奠定了坚实地基的是法拉第；在坚实的地基上建成这座大厦的是麦克斯韦；为这座雄伟的大厦进行内部装修，使它能够最后被人们广泛使用的是赫兹。"

1894年，赫兹在德国波恩因病逝世，年仅37岁。为了纪念这位年轻的科学家做出的不朽功勋，人们用他的名字作为国际单位制中频率的单位，简称"赫"。赫兹的名字永远和电磁理论连在一起被载入史册，光耀后人。

（李玉峰）

11

以太真的
存在吗

——迈克耳孙 – 莫雷实验

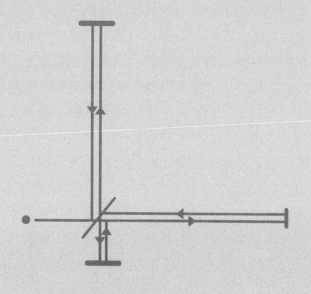

以太是古希腊哲学家亚里士多德所设想的一种物质。在亚里士多德的自然哲学体系中，物质除了水、火、气、土四种元素之外，还有一种就是居于天空上层的以太。他认为以太是充满太空和构成天体的元素，它是永恒不变的，并做完美的圆周运动。中世纪的西方哲学家基本上接受了亚里士多德的说法，只是做了一点小改动：以太的密度是会变化的，构成天体的以太密度要比充满太空的以太密度大一些。19世纪的物理学家则将以太假想为电磁波的传播媒介。

那么，以太是否真的存在？如果不存在，那又是哪个实验证明了以太的不存在呢？

11.1　以太说

以太是一个历史上的名词，它的含义也随着历史的发展而发展。17世纪的哲学家笛卡尔，对科学思想的发展有重大影响。他最先将以太引入科学，并赋予它力学性质。在笛卡尔看来，物体之间的所有作用力都不存在任何超距作用，而是通过某种中间媒介物质来传递。以太虽然看不见，摸不着，但可以传递力的作用，如磁力和月球对潮汐的作用力。

后来，以太被认为光波的荷载物，并同光的波动学说相联系。光的波动说是由胡克首先提出的，并为惠更斯进一步所发展，惠更斯除了使用光波的荷载物来解释以太之外，还说明了引力的现象。

17世纪时，法国数学家笛卡尔建立了以太旋涡说。他用该学说来解释太阳系内各行星的运动。牛顿虽然不同意胡克的光波动学说，但他反对了超距作用，并且承认以太的存在。

18世纪是以太论没落的时期，光的波动说被放弃，微粒说得以流行，同时，万有引力被认为是一种超距作用。

19世纪，以太论获得复兴和发展，首先是从光学开始的，这主要是托马斯·杨和菲涅耳工作的结果。托马斯·杨用光波的干涉解释了牛顿环，并于1817年在实验的启示下提出光波为横波的新观点（当时对弹性体中的横波还没有进行过研究），解决了波动说长期不能解释光的偏振现象的困难。1825年前后，托马斯·杨和菲涅耳提出光的波动说理论，以波动说成功地解释了干涉、衍射、双折射、偏振，甚至光的直线传播现象。菲涅耳的一个重要理论工作是将以太作为参考系，导出光在透明物体中的速度公式。1818年菲涅耳为了解释关于星光的折射现象，在托马斯·杨的想法基础上提出：透明物质中以太的密度与该物质的折射率二次方成正比，他还假定当一个物体相对以太参考系运动时，其内部的以太只有超过真空的那一部分被物体带动[1]。鉴于光的波动说需要传播光的媒介，所以19世纪大多数物理学家都相信以太的存在。

在托马斯·杨和菲涅耳的实验之后，光的波动说就在物理学中确立了它的地位。1831年，法拉第关于电磁感应实验的成功，促使他建立了电磁力线的概念，并以此概念解释电、磁及其彼此感应的作用。后来，他又提出了电场、磁场和力线场的概念，放弃以太观念，但其间他也曾怀疑过以太是否为力线的荷载物。

19世纪60年代，麦克斯韦提出位移电流的概念，借用以太观念成功地将法拉第的电磁力线表述为一组数学方程式，它

---

[1] 以太部分曳引假说。

被人们称为麦克斯韦方程组。麦克斯韦在指出电磁扰动的传播与光传播的相似之后写道："光就是产生电磁现象的媒质（以太）的横振动"，传播电磁与传播光的"只不过是同一种介质而已"。

19世纪90年代洛伦兹提出了电子的概念，他将物质的电磁性质归为物质中同原子相关的电子的效应，至于物质中的以太则同真空中的以太在密度和弹性方面并无区别。他还假定，以太是静止的，不参与任何运动。而菲涅耳理论所遇到的困难（不同频率的光有不同的以太）现已不存在。洛伦兹根据束缚电子的强迫振动推出折射率随频率的变化。洛伦兹的上述理论被称为电子论，它获得了很大成功。这样，在19世纪结束之前，似乎所有的物理都可以简化为以太的物理。

按照当时的猜想，以太无所不在，没有质量，绝对静止。以太充满整个宇宙，电磁波可在其中传播。假设太阳静止在以太系中，由于地球在围绕太阳公转，相对于以太具有一个速度 v，因此如果在地球上测量光速，在不同的方向上测得的数值应该是不同的，最大为 $c+v$，最小为 $c-v$。如果太阳在以太系上不是静止的，则地球上测量不同方向的光速，也应该有所不同。

19世纪末可以说是以太论的极盛时期。

麦克斯韦试图用力学以太模型解释"场论"，当人们深入思考麦克斯韦方程组时，还是找出来了问题。由麦克斯韦方程组推出的光波与电磁波的常定传播速度，究竟是相对于哪一个参考系而言的？从麦克斯韦的电磁理论看，以太是测定光速的绝对参考系。在以绝对静止的以太为参考系时，整个麦克斯韦方程组才是成立的。事实上，以太在这里成了牛顿力学中物化了的绝对空间。那么，是否可以测定以太的绝对运动？以太是否会随地球运动而漂移？1887年，迈克耳孙和莫雷以高精度的实验得到的结果仍然是否定的（即地球相对以太不运动），并未发现任何以太漂移。实验结果显示，不同方向上的光速没有差异。这实际上证明了光速不变原理，即真空中光速在任何参考系下具有相同的数值，与参考系的相对速度无关，以太其实并不存在。此后其他一些实验也得到同样的结果。于是以太进一步表明了它没有绝对参考系的特质。

然而根据麦克斯韦方程组，由于所测量的数据都是在地球上测量出来的，该方程里两个无方向的标量参数，是无须指明方向的，指的是地球参考系，所以在地球参考系里光速都是不变的。

11.2 探索以太实验

洛伦兹认为光速不变，是因为以太的存在，他还并不认可相对论。1920年，爱因斯坦在莱顿大学做了一个"以太与相对论"的报告，试图调和相对论和以太论。他指出，狭义相对论虽然不需要以太的概念，但是也并不能否定以太，而根据广义相对论，空间具有物理性质，在这个意义上，以太是存在的。他甚至说，根据广义相对论，没有以太的空间是无法想象的。爱因斯坦所说的"以太"，其实是广义相对论中的度规场，并不具有物质性。

1997年12月，哈佛大学天文学家基尔希纳作为"大红移超新星搜索小组"成员，根据超新星的变化显示，宇宙膨胀速度非但没有在自身重力下变慢，反而在一种看不见的、无人能解释的力量控制和推动下变快。目前，国际广义相对论学界认为，这种现象是和一种叫暗能量（dark energy）的尚不太清楚的宇宙内容物有关。

科学家们陆陆续续通过种种观测和计算证实，暗能量在宇宙中约占到73%，暗物质约占到23%，而普通物质仅占到4%，这预示着人们认识到的宇宙只占整个宇宙的4%，还有96%的东西仍不为我们所知。

关于暗物质和暗能量的客观存在性，李政道先生在其所著的《物理学的挑战》中已经有所讨论。

2005年10月25日，李政道先生在清华大学演讲时指出："21世纪初，科学技术最大的谜是暗物质和暗能量。暗物质对于人类来说是未知的，人们目前只是知道它的存在，但不知道它是什么，它的构成也和人类已知的物质不同。在宇宙中，暗物质的能量是人类已知的能量的5倍以上。"

实际上，随着21世纪人类对暗物质、暗能量研究的开展，"以太说"在某种程度上开始成立，但是这已经不是传统意义上的"以太说"。

11.2.1 迈克耳孙最初的以太漂移实验

1880年，迈克耳孙在柏林大学开始筹划一次实验，他用干涉法进行以太漂移速度的测量实验。德国的光学仪器生产技术早已负有盛名，当时有一种测量折射率的光学仪器，名叫贾民（Jamin）干涉折射计，其原理如图11-1所示。迈克耳孙在贾民干涉折射计的基础上作了重大的创造性改进，从而发明了他自己的干涉仪。他吸取了贾民干涉折射计利用广光源的经验，把两束反射光的干

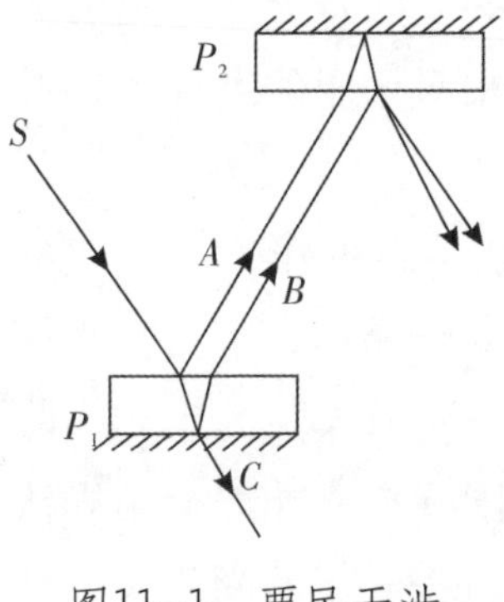

图11-1 贾民干涉
折射计原理图

涉，改为利用一束反射光和一束折射光进行干涉，这样就可使光线的通道在更为广阔的范围内展开。为了检验地球相对于以太的漂移速度，这两束光应该互相垂直。

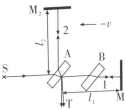

利用德国在光学仪器生产方面的优越条件，创造性地进行了干涉实验，光路如图11-2所示。光源S发出的光，经半透射的45°玻片A的镀银面，分成互相垂直的两束光1和2。透射光束1经反射镜M_1反射，返回A后再反射到望远镜T中；反

图11-2　迈克耳孙
干涉仪原理图

射光束2经反射镜M_2反射后也返回并穿过A到达望远镜T。两束光在望远镜中发生干涉。B是与A相同的补偿玻片。

设以太的漂移速度v与l_1臂平行，与l_2臂垂直，则光束1从A经M_1回到A过程所需时间为：$t_1 = \dfrac{l_1}{c-v} + \dfrac{l_1}{c+v} = \dfrac{2l_1c}{c^2-v^2}$。

设光束2从A经M_1再回到A所需时间为t_2，如图11-3所示，由于以太的漂移，光线2实际走的路线是aba_1。由于以太正以速度v垂直于光路l_2漂移，根据速度合成法则可以推得合速度应为$\sqrt{c^2-v^2}$，所以光束2从A经M_2再回到A所需时间为：

$$t_2 = \frac{2l_2}{\sqrt{c^2-v^2}}。$$

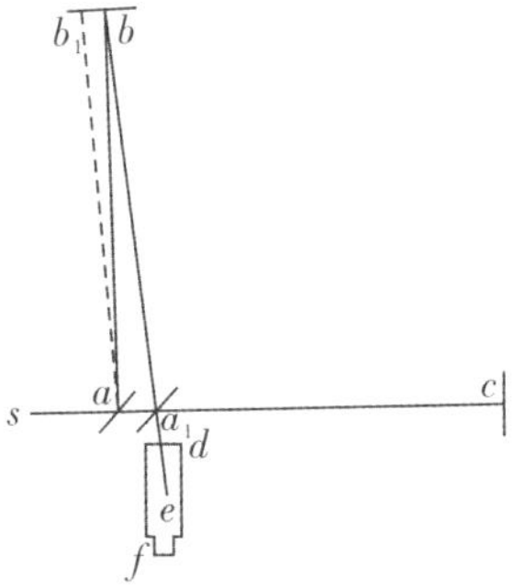

图11-3　以太漂移对观测的
影响示意图

两束光到达望远镜的时间差为

$$\Delta t = t_1 - t_2$$

$$= \frac{2l_1 c}{c^2 - v^2} - \frac{2l_2}{\sqrt{c^2 - v^2}}$$

$$\approx \frac{2l_1}{c}\left(1 + \frac{v^2}{c^2}\right) - \frac{2l_2}{c}\left(1 + \frac{v^2}{2c^2}\right)$$

若将整个仪器转过90°，则时间差应变为

$$\Delta t' \approx \frac{2l_1}{c}\left(1 + \frac{v^2}{2c^2}\right) - \frac{2l_2}{c}\left(1 + \frac{v^2}{c^2}\right)$$

由上推导，知两束光在仪器转90°后，时间差的改变将导致干涉条纹移动，移动的条纹数目为$\delta = \frac{l_1 + l_2}{\lambda} \cdot \frac{v^2}{c^2}$，如果$l_1 = l_2 = l$，则$\delta = \frac{2l}{\lambda} \cdot \frac{v^2}{c^2}$。

迈克耳孙根据已知数据：地球的轨道速度$v = 30$ km/s，$\frac{v}{c} = 10^{-4}$，$\lambda = 6 \times 10^{-7}$ m，$l = 1.2$ m，估算出干涉条纹移动的预期值$\delta = 0.04$条纹。这个数据在实验技术上是可能观测到的。

迈克耳孙最初是在柏林大学做实验，但因振动干扰太大，无法进行观测，于是把实验地点改到波茨坦天文台的地下室。该实验最终在1881年4月完成，实验装置图如图11-4所示。可

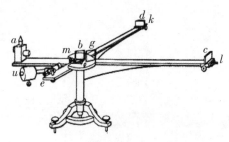

图11-4　迈克耳孙干涉实验装置
示意图

实验结果却出乎迈克耳孙的意料，他看到的条纹移动远比预期值小，而且所得结果与地球运动没有固定的位相关系。于是迈克耳孙大胆地做出结论："结果只能解释为干涉条纹没有位移。可见，静止以太的假设是不成立的。"

11.2.2 斐索实验

1859年（也有文献说是1851年），法国的物理学家阿曼德·斐索（Armand Hippolyte Louis Fizeau，1819—1896）也发明了旋转齿轮光速测量方法，使用了一台特制的干涉仪进行了流水中的光速测量实验（如图11-5所示）。实验是这样设计的：光束由光源发出，经过半透镜后分为两束，一束光与水流方向一致，而另一束光则与水流方向相反，两束光在观察者处产生干涉条纹。

斐索流水实验的结果支持了菲涅耳的"以太不完全拖动假说"，因此也为以太的存在提供了有力证据。

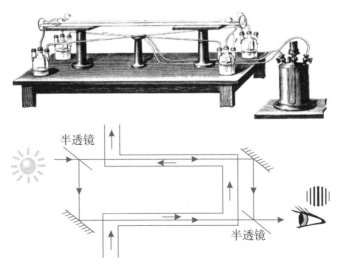

图11-5 斐索实验装置及原理图

11.2.3　迈克耳孙-莫雷实验

迈克耳孙认为自己于1881年在波茨坦做的实验是失败的，因此很少提到它，也没有着手去重复这个实验。但是在瑞利和汤姆孙的多次鼓励和催促下，才决心与莫雷合作，继续做以太漂移实验。

莫雷是凯斯西储大学很有声望的教授，比迈克耳孙大14岁，他原来的专业是化学，也擅长物理和数学，自己还拥有一间高级的实验室，在实验方面很有素养。莫雷跟迈克耳孙一同改进以太漂移实验装置时，在原来设计的基础上提出了许多好主意。

1884—1885年他们共同改进并完成了斐索在流水中测光速的实验，取得了精确的结果。这使他们对以太漂移实验充满信心，以为可以获得正效应。

当时的实验装置如图11-6所示，与1881年的实验装置相比，做了很多改进，如表11-1所示：

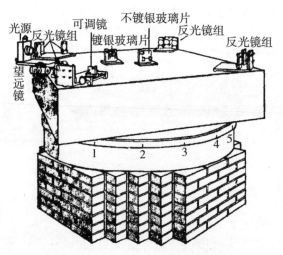

图11-6　迈克耳孙-莫雷实验装置

表11-1 两个实验装置对比表

对比项	1881 年迈克耳孙实验	1887 年迈克耳孙–莫雷实验
理论	未考虑地球速度对垂直臂光速的影响，理论分析有缺陷	考虑了地球速度对垂直臂光速的影响
光路	臂长约 120 厘米	经 8 次来回反射，光路长达 11 米
光学图	镀银工艺差	镀银工艺改进，条纹清晰度大大提高
底座	铸铁支架，转动不灵活，影响干涉条纹	用大石台作底座，浮在水银面上
仪器转 90° 期望得到的条纹移动	0.04 个条纹	0.4 个条纹
仪器可以达到的精度	?	0.01 个条纹
仪器转 90° 实际观测到的条纹移动	0.02 个条纹	0.01 个条纹

当时认为传播光的媒介是以太。由此产生了一个新的问题：地球以30 km/s的速度绕太阳运动，就必然会遇到30 km/s的"以太风"迎面吹来，那么这会对光的传播产生影响。这个问题引起人们去探讨"以太风"是否存在。因此，迈克耳孙和莫雷进行了实验，原理示意图如图11-5所示。

当"以太风"的速度为零的时候，两束光要是同时到达的话，相位相同；如果"以太风"速度不为零，即装置相对以太运动，则两列光波相遇时的相位不同。

假设装置在以太中向右以速度v运动，且从部分镀银的玻璃片到两面镜子的距离为L，那么向右的那一束光相对装置的速度为$c-v$，花费的时间$t_1 = \dfrac{L}{c-v}$；返回时的速度为$c+v$，时间$t_2 = \dfrac{L}{c+v}$，进而得到总的时间。

而对于向上的那一束光，设它到达镜子所需的时间为t_3，在这段时间里镜子向右移动了vt_3，所以光走过的路程是一个直角三角形的斜边，由此可得其返回时间也为t_3，所以两束光到达镜子的时间是不同的，根据这个实验应该能测量出地球通过以太的速度。

1887年11月，在美国科学杂志上发表了这个实验的报告，在报告上他们写到："实际观测所得的位移（指干涉条纹的位移）肯定小于预测值的$\dfrac{1}{20}$，或许还小于其$\dfrac{1}{40}$""似乎有理由确信，即使在地球与以太之间存在着相对运动，其速度必定是非常小的，小到足以驳倒菲涅尔的光行差解释"。

迈克耳孙和莫雷对实验结果感到意外，原来打算在不同季节继续进行实验，但这想法也打消了。实验结果发表以后，科学界大为震惊，开尔文甚至说这是"19世纪的两朵乌云"之一，他认为必须拯救以太的概念。迈克耳孙-莫雷实验以明确的数据打破了人们原来对以太的认识，以为真相会隐藏在1881年博斯坦实验的观察误差里面。

莫雷不想止步于他自己的结论，继续与达通·米勒做着更多的实验。米勒制作了更大的实验设备，最大的设备是安装于威尔逊山天文台的有效臂长32 m的仪器。为了避免实体墙可能造成的对以太风的阻挡，他使用了以帆布为主体的流动墙。他每次旋转设备都会观测到不同的小偏移，不论是恒星日还是年。他的测量值仅达到约10 km/s，而不是从地球轨道运动所得出的约30 km/s。他仍然不确信这是由于局部拖拽造成的，没有尝试进行详细的解释。

肯尼迪后来在威尔逊山上做了实验，米勒发现干涉条纹小于预测值$\frac{1}{10}$的漂移，并且不受季节影响。米勒的发现对当时的局势非常重要，他还于1928年在一份会议报告上与迈克耳孙、洛伦兹等人讨论。人们普遍认为需要更多的实验来检验米勒的结果。洛伦兹认可这个结论，造成漂移的原因不符合他的以太说或者爱因斯坦的狭义相对论。爱因斯坦没有出席会议，考虑到后来进行的实验没能重新获得米勒的结果，他认这个实验结果很可能是实验误差引起的，最后，现代高精度的实验推翻了此实验结论。

第一个这样的实验是由查尔斯·H. 汤斯（Charles H. Townes）做的，他是最早的激微波制作者之一。1958年的实验，他们把漂移的上限，包括可能的实验误差，降低到仅仅30 m/s。在1974年通过三角形内修剪工具精确地重复实验，把这个值降低到0.025 m/s，并且在一个光臂上放上玻璃来测试拖拽效果。1979年，布里利特-霍尔（Brillet-Hall）实验把任意方向的上限降低到30 m/s，但是双向因素降低到0.000 001 m/s。希尔斯（Hils）和霍尔在经过一年的重复实验之后，于1990年公布，各向异性的极限降低到2×10^{-13}。

实验结果证明，不论地球运动的方向同光的射向一致或相反，测出的光速都相同，在地球和以太之间没有相对运动。当时迈克耳孙因此认为这个结果表明以太是随着地球运动的。

在迈克耳孙和莫雷看来，以太漂移实验虽然"失败"了，却一同制造出了一种新的精度极高的测量仪器，其灵敏度可达四亿分之一，这本身就是一个巨大的收获。于是，他们开始用这套仪器来测定和比较长度。1892年迈克耳孙应邀到巴黎国际度量衡局，用他发明的干涉仪确定了巴黎的米原器长度等于镉红线的1 553 163.5个波长，找到了一种非物质的长度标准。1907年，迈克耳孙因在"精密光学仪器和用这些仪器进行光谱学的基本量度"方面的研究工作荣获诺贝尔物理学奖。在颁发诺贝尔奖时，他并没有提起以太漂移实验。显然，这是由于当时的学术权威并未承认这个实验的历史意义。

1905年，爱因斯坦在放弃以太，以光速不变原理和狭义相对性原理为基本假设的基础上建立了狭义相对论。狭义相对论认为空间和时间是一个统一的四维时空整体，并不相互独立，也并不存在绝对的空间和时间。在狭义相对论中，整个时空仍然是平直的、各向同性的和各点同性的。结合狭义相对性原理和上述时空的性质，也可以推导出洛伦兹变换。

1908年，里茨假设光速是依赖于光源的速度的，企图以此解释迈克耳孙–莫雷实验。1931年，德·希特在莱顿大学指出，如果是这样的话，那么一对相互环绕运动的星体将会出现表观上的异常运动，而这种现象并没有观察到。由此也证明了爱因斯坦提出的光速不受光源速度和观察者的影响是正确的，而且既然没有一种静止的以太传播光波振动，牛顿关于光速可以增加的看法就是错误的。

科学家们在不同地点、不同时间多次重复了迈克耳孙–莫雷实验，并且应用各种手段对实验结果进行验证，精度不断提高。除了用光学方法外，他们还使用其他技术进行类似实验。如1958年利用微波激射所做的实验得到地球相对以太的速度上限是3×10^{-2} km/s，1970年利用穆斯堡尔效应所做的实验得到此速度的上限只有5×10^{-5} km/s。综合各种实验结果，人们基本可以判定地球是不存在相对以太的运动的。

11.3　迈克耳孙–莫雷实验的地位和意义

迈克耳孙–莫雷实验的零结果导致了"光速不变"原理和狭义相对论的诞生，是以太历史转折点的一个实验，它动摇了19世纪占统治地位的以太假说，激励了当时一些著名的物理学家致力于发展运动物体的电动力学理论，从而为爱因斯坦创立狭义相对论铺平了道路。

下面引用爱因斯坦的两段话来说明迈克耳孙的功绩和迈克耳孙–莫雷实验的作用。1931年，爱因斯坦在加利福尼亚与迈克耳孙相见时，说道："我尊敬的迈克耳孙博士，您开始工作时，我还是一个小孩子，只有一米高。正是您，将物理学家引向新的道路，通过您的精湛的实验工作，铺平了相对论发展的道路。您揭示了光以太理论的隐患，狭义相对论正是由此发展而来。没有您的工作。这个理论今天顶多也只是一个有趣的猜想，您的验证使之得到了最初的实际基础。"

11.4　热衷测量光速的科学家——迈克耳孙

阿尔伯特·亚伯拉罕·迈克耳孙[①]（Albert Abraham Michelson，1852—1931），著名波兰裔美国人，是美国第一位诺贝尔物理学奖获得者，世界顶级学府美国芝加哥大学物理

---

① "迈克耳孙"又译为"迈克耳逊"。

图11-7 迈克耳孙

系第一任系主任。他以测量光速而闻名于世，尤其是迈克耳孙－莫雷实验。

迈克耳孙是一位伟大的实验物理学家，他以毕生精力从事光学实验，成果累累，为科学事业立下了不朽功勋。虽然以太漂移实验没有起到巨大的历史作用，但迈克耳孙前后五十余年所从事的各次光速测定以及对光谱学、天体物理学和基本度量学的贡献，为近代物理学的发展提供了重要依据。他设计的光学精密仪器和他借助于自己发明的仪器在精密计量学以及光谱学领域的研究，使他获得了1907年的诺贝尔物理学奖。

迈克耳孙是一个出色的测量者、一个精确测量仪器的特殊设计者、一个富于想象力的光学实验创新者。美国物理学家密立根在1938年纪念迈克耳孙的文章中说："巧妙观测技巧、巧妙分析方法、巧妙的表述，这就是迈克耳孙留给我们这些有幸目睹他的实验并听他讲解的年轻物理学家的印象。"

（张艳燕）

12

"物理学大厦"
全部建成了吗

——电子的发现

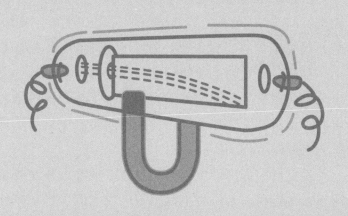

　　19世纪后半叶关于阴极射线的本性问题在物理学界争论已久，德国物理学家认为阴极射线是一种以太，英国科学家则认为是一种带电粒子流。英国物理学家约瑟夫·约翰·汤姆孙于1897年通过实验证明阴极射线确实是一种带负电的粒子流，汤姆孙把这种粒子称为"微粒"，后来又称其为电子。电子的发现打开了一个新的奇妙的微观世界。

12.1　电现象的本质探索

12.1.1　电荷分立思想确立

　　人们对于电现象本质的认识经历了一个漫长的过程。在18世纪，人们提出"电流质说"。到了19世纪，关于液体和气体导电现象的深入研究，有效推动了人们对于电现象本质的认识。

　　法拉第电解当量定律的启示：离子所带电量是元电荷的整数倍。1834年，法拉第总结液体导电产生电解现象的实验结果，得到了电解当量定律。这个定律表明：1克原子的单价离子，都有一定量的电荷随它们一起迁移；对于二价离子，这些电荷则为单价离子的两倍。这启示了不止一位科学家从中形成电的"原子性"的观念。任何离子所带的电量总是某一最小的基元电量q的整数倍。

　　麦克斯韦提出带电粒子的思想。他继承与发展了法拉第的思想，在电磁以太模型中提出带电粒子的思想，但是没有提出电荷分立的概念。他只是把电的微粒说当作一种带有方法性和暂时性的说法。他的追随者把电看作连续的以太介质中的某种应变产生的张力或应力的表现。

初步形成电的原子性概念——电子。另外一些科学家从法拉第的电解定律中形成电的原子性的概念。1874年，英国科学家斯通尼主张将电解时一个氢离子所带的电荷作为一个"基本电荷"，与光速、引力常数并列为自然常数（单位），他指出这与法拉第电解定律一致。1891年，他又引入"电子"这一名称表示这种电的基本单位，但他没有把"电子"当作这些粒子的名称。

电荷分立思想。1881年赫尔姆霍兹提出"电，不论是阳电或阴电，都可以分成单元部分，其行为就像电的原子一样"。1887年阿累尼乌斯在他的电解理论中，也持电的粒子性观点。

洛伦兹电子论。1878年，拉摩和洛伦兹在所创立的"电子论"中，赋予物质中电荷的负荷体以一个基本的电量。

韦伯原子模型提出。1871年，韦伯提出一个很接近现代的原子结构模型，来解释安培分子。"我们可以设想每一个物质的原子上附有一个电的原子，……设E为带正电的粒子，而带负电的粒子具有相反符号的等量电荷，以$-E$表示。又设只有后者具有可称衡的质量，并且它的质量大到这样一种程度，以至于带正电的粒子的质量相形之下可以忽略不计。于是我们可以认为粒子$-E$是静止不动的，只有粒子$+E$围绕$-E$旋转，这就构成了安培的分子电流。"[1]除了带电的正负号颠倒外，韦伯已经很接近原子的电结构。

---

① 申先甲，张锡鑫，祁有龙. 物理学史简编［M］. 济南：山东教育出版社，1985：609-610.

12.1.2　阴极射线本质的争论

对气体放电现象的研究发现了阴极射线，许多物理学家对阴极射线的实验研究奠定了汤姆孙发现电子的实验基础。而阴极射线的发现和研究是从真空管中的放电现象开始的。

1838年，法拉第在真空管内发现了"法拉第暗区"，即紫色的阴极电辉和粉红色的阳极电辉彼此分开，中间出现一个暗区。随着真空管内气压的降低，阴极辉光分裂为几条彩带。法拉第认为，弄清这些现象是很重要的。随着电力工业的发展，电光源开始得到应用，在许多实际应用中都要求对气体的放电现象做深入的研究。

1855年，水银真空泵被发明后，使制成低压气体放电管成为可能，为研究真空管内的气体放电现象创造了条件。1858年，德国物理学家普吕克尔（J.Plucker）在利用低压气体放电管研究气体放电现象时发现了阴极射线。他发现当玻璃管内的气体稀薄到一定程度时，管内的光线消失，也就是法拉第暗区变得很大，这时在阴极对面的玻璃管壁上出现了绿色荧光。如果改变放电管所处的磁场，荧光的位置和分布也随之改变，普吕克尔认为这种荧光是从阴极发出的电流撞击玻璃管壁造成的。后来，德国物理学家哥尔茨坦（E.Goldstein），把普吕克尔发现的阴极辉光称为阴极射线。

1869年，普吕克尔的学生希托夫（J.W.Hifforf）设计了一个喇叭形的阴极射线管，在射线管的中间放置一片障碍物，使其面对阴极，结果发现在端面玻璃壁上出现了一块边界清晰的阴影，阴影形状与障碍物相似，这个实验验证了普吕克尔的发现。历史上将希托夫发明的阴极射线管称为"希托夫管"，如图12-1所示。希托夫还观察到，这种射线能被磁场偏转。实验

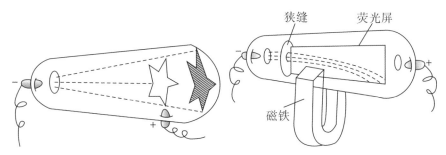

图12-1 阴极射线沿直线运动及在磁场作用下弯曲

证明，阴极射线沿直线方向行进，在磁场中会发生偏转。

许多物理学家投入阴极射线的研究工作中，逐渐形成了两种不同的观点。以德国物理学家哥尔茨坦和赫兹为代表的德国学派主张以太说，他们认为阴极射线是类似于紫外线的以太波。另一种是以英国物理学家克鲁克斯（W.Crookes）和瓦尔利（C.F.Varley）为代表的英国学派，他们主张带电微粒说，即阴极射线是由带负电的"分子流"组成。两种不同的观点都是基于各自的实验观察，双方争执不下。为了找到有利于自己观点的实验证据，他们不断地改进实验，并设计新的实验。他们也重复做对方的实验，并加以改进，得到了越来越多的实验结果。争论持续了二三十年，吸引了一大批物理学家参与对阴极射线的实验研究，使研究工作越来越深入。

1890年，舒斯特（A.Schuster，1851—1934）根据阴极射线磁偏转的半径和电极间的电位差估算出带电微粒的荷质比在5×10^6库仑/千克至1×10^{10}库仑/千克之间，与电解所得氢离子的荷质比10^8库仑/千克相近，因而认为带电微粒是气体分子自然解离后在电极间留下的带电的碎片，它们形成阴极射线。

12.2　阴极射线研究实验

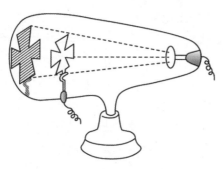

图12-2　克鲁克斯管示意图

1878年，克鲁克斯用实验证明阴极射线为带负电的微粒。克鲁克斯设计了真空度达到百万分之一大气压的克鲁克斯管，在真空管的阴极与阴极相对的玻璃壁之间，放置一个云母做的十字架，通电后，在玻璃壁上出现了十字架形的阴影，这表明阴极射线是沿直线行进的，如图12-2所示。当把一块磁铁放在真空管附近时，十字架形的影子就发生移动，这表明阴极射线是带电的。

克鲁克斯发现阴极射线具有热效应。在稳定的真空管中用一抛光杯做负极，可以看到阴极射线的焦点非常尖锐明确，呈暗蓝色。射线在管子中部虽然是蓝的，但是当它散开到管子的末端，就发出漂亮的蓝绿光。磁铁会使射线的焦点偏向一方，射线轨迹形成一个漂亮的曲线。在管壁上是一个边缘清晰的黄绿色卵形团，中央是一个暗点。为了证实暗点是热的，克鲁克斯用手指接触该处，手指马上烫起了泡，聚焦形成的暗点几乎近于红热了。

克鲁克斯还发现阴极射线具有动量。在一次实验中，克鲁克斯注意到阴极射线使真空管中的一块很小的玻璃薄片发生了偏转。于是他在阴极射线管中间水平地支起一个玻璃轨道，上面放置一个插有云母翼片的小飞轮。当用阴极射线照射上侧风翼时，风轮就沿轨道滚动起来，这表明阴极射线具有动量。

1895年，法国年轻的物理学家佩兰（J.B.Perrin，1870—1942）在他的博士论文中谈到测量阴极射线电量的实验，如图12-3所示。阴极射线经过一个小孔进入阳极内的空间，打到收集电荷的法拉第筒上，验电器显示出带了负电。当将阴极射线管放到磁极之间时，阴极射线则发生偏转，不能进入小孔，验电器上的电性立即消失，从而证明电荷是阴极射线携带的。佩兰通过他的实验结果明确地表示支持阴极射线的粒子说，并认为阴极射线是带负电荷的粒子流。但反对者说，他测到的不一定是阴极射线的电荷。

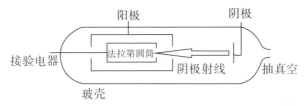

图12-3　佩兰测量阴极射线电量的实验

12.3　汤姆孙测定电子荷质比实验

对阴极射线的本性做出正确解释的是英国剑桥大学卡文迪什实验室教授、物理学家汤姆逊，他受到克鲁克斯和舒斯特思想的影响，支持带电粒子说。

12.3.1　改进佩兰实验——阴极射线是负电粒子

汤姆孙改进了佩兰的实验装置，如图12-4所示。将阴极和金属圆筒放在各自的玻璃管内，只在结合处留一狭缝，阴极射线从阴极出发，经过阳极处的小孔射出，可以看到射线末端的玻璃壁上有荧光斑出现，这时没有电荷进入集电器；当用

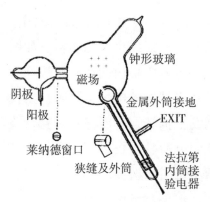

图12-4 汤姆孙改进佩兰实验

磁铁使射线发生偏转，才可以使阴极射线由另一小孔进入金属圆筒，在筒内收集到的是负电荷。实验证明阴极射线和带负电荷的粒子在磁场和电场作用下遵循同样路径，因此阴极射线是由带负电荷的粒子组成的，从而结束了以太波动说与粒子说之争。

12.3.2 重复赫兹实验——静电场使阴极射线发生偏转

汤姆孙重复了赫兹的静电场偏转实验，如图12-5所示。起初他和赫兹一样没有看到阴极射线的偏转。看来，汤姆孙将得到和赫兹同样的结论了。可是，细心的汤姆孙一点也不放过实验中出现的非常细微的异常现象。他发现在金属板上外加电压的瞬间，阴极射线出现了短暂的偏转，然后很快地回到管壁标尺的中点。汤姆孙抓住这瞬间的异常现象，分析出现这种现象的可能原因。他认为装置中没有观察到持续而稳定的偏转很可能是由于放电管内气体的存在。当阴极射线穿过气体时会使气体变成导电体，导电体将射线包围起来，屏蔽了电的作用力，就像金属罩把验电器屏蔽起来，使它不受外部的电作用。由

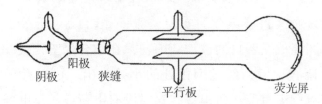

图12-5 汤姆孙静电场使阴极射线发生偏转

此，他提出了新的想法，即实验必须在更严格的真空中进行。

汤姆孙利用当时最先进的真空技术，将放电管内的空气一直抽到只剩下极少量的空气，终于排除了电离气体的屏蔽作用，使阴极射线在电场中发生了稳定的电偏转，偏转的方向表明阴极射线带的是负电荷，取得了突破性的实验结果。

12.3.3　用两种方法测量阴极射线的荷质比

汤姆孙从上述实验结果中得出了阴极射线是带负电的粒子流的结论，但是这些粒子是哪些微粒呢？汤姆孙进一步通过实验法测量这种粒子所带电荷e与其质量m之比，即荷质比e/m，他采用两种独立的方法进行测量。

第一种方法是让一束均匀的阴极射线束通过一个狭缝注入与静电计相连的集电器（法拉第筒）。在一定的时间内，微粒传给法拉第筒的电荷Q可由静电计测出。设以N表示进入法拉第筒的微粒数，则

$$Q=Ne$$

微粒撞击在法拉第筒上，它的动能就会转变为热，使固体的温度上升。用温差电偶测出筒的温度变化，就可以计算出微粒的总动能W。设粒子的速度为v，则

$$W = N \cdot \frac{1}{2}mv^2$$

然后，使微粒在一均匀磁场B中发生偏转。设微粒的曲率半径为R，则有

$$Bev = \frac{mv^2}{R}$$

由以上三式可得

$$\frac{e}{m} = \frac{2W}{B^2R^2Q}$$

求得e/m后，就可以计算出速度v。汤姆孙用这个方法求得：

$$\frac{e}{m} \approx（1.7\text{~}2.5）\times 10^7 \text{电磁单位/克}$$

$$v \approx 5 \times 10^9 \text{ cm/s}$$

汤姆孙所用的第二种方法是利用阴极射线在静电场和磁场中的偏转。设均匀电场的强度为E，射线在垂直于电场方向经过的距离为l，所需时间为$\frac{l}{v}$，垂直于电场方向的速度则为

$$\frac{Ee}{m} \cdot \frac{l}{v}$$

于是，当射线刚要离开电场进入不受电力的区域时，它所偏过的角度θ可用下式表示：

$$\tan\theta = \frac{Ee}{m} \cdot \frac{l}{v^2}$$

如果用磁场替代电场，磁力始终与射线运动方向垂直，在垂直于磁场方向经过同样一段距离l后，射线速度相对于初速度方向偏离的角度可表示为

$$\sin\phi = \frac{Be}{m} \cdot \frac{l}{v}$$

联立上述方程，得

$$v = \frac{\sin\phi}{\tan\theta} \cdot \frac{E}{B}$$

$$\frac{m}{e} = \frac{B^2 \tan^2\theta\, l}{E \sin^2\phi}$$

在实际实验中，调整B使$\sin\phi = \tan\theta$，公式就变为：

$$v = \frac{E}{B}$$

$$\frac{m}{e} = \frac{B^2 l}{E \tan\theta}$$

实际上就是加上一定强度的静电场F使射线向一方偏转，荧光斑向这一方向移动；然后再加一垂直磁场，使射线向相反方向偏转，调节磁场强度H使荧光斑回到最初的位置。于是两种场作用在射线上的力大小相等、方向相反而达到平衡。汤姆孙用这种方法得到：

$$\frac{e}{m} = \frac{E\tan\theta}{B^2 l} \approx （0.7\sim0.9）\times 10^7 电磁单位/克$$

$$v = \frac{E}{B} \approx 2.7 \times 10^9 \text{ cm/s}$$

两种不同的方法得到的结果相近，荷质比换算成国际单位后约等于10^{11}C/kg。在实验中，汤姆孙给放电管充入各种气体进行试验，发现其荷质比不依赖于管内残留气体的种类；用铅和铁分别作电极，其结果也不变。这表明来自各种不同物质的阴极射线粒子都是一样的，因此这种粒子必定是所有物质所共有的组成成分。汤姆孙把它叫作"微粒"。

1897年4月30日，汤姆孙向英国皇家研究所报告了自己的工作，后又以《阴极射线》为题发表了论文，认为阴极射线粒子比普通原子小，必定是"建造一切化学元素的物质"，也就是一切化学原子所共有的组成成分。

12.3.4　测定光电流中荷质比

1899年，汤姆孙用磁场偏转法测定了光电效应产生的带电粒子的荷质比e/m。他用锌板作光阴极，平行的阳极约距1厘米，紫外线照射在锌板上，从锌板上发射出来的光电粒子经电场加速，向阳极运动。整个装置处于磁场H之中。在磁场的作用下，光电子作圆弧运动，只要磁场足够强，这些粒子就可以返回阴极，于是极间电流降至零。根据电压、磁场和极间距离，可计算出光电粒子的荷质比 e/m，与阴极射线的荷质比是一样的数值。

根据上述实验结果，得出如下结论：

①原子不是不可分割的，因为借助于电力的作用、快速运动的原子的碰撞，紫外线或热都能从原子里扯出带负电的粒子。

②无论这些粒子是从哪一种原子里得到的，它们都具有相同的质量并带有相同的负电荷，它们是一切原子所共有的组成部分。

③这些粒子的质量小于一个氢原子质量的千分之一。这些粒子最初叫微粒，现在采用"电子"命名更适合。

12.3.5　直接测定阴极射线粒子的电荷

阴极射线粒子比原子更小的判断，还需要更直接的证据，直接测定基本电荷 e 的绝对值，能成为直接证据。汤姆孙和他的学生们用几种方法直接测量，并得到了阴极射线载荷子所带的电量。

1897年，汤姆孙的研究生汤森德（J.S.Townsend，1868—1957）利用气体电离法测定电子的电荷。他用电解的方法产生带电的氢或氧的离子，以离子为核心在水的饱和蒸汽中形成雾滴。观测云雾顶层的下降速度，通过斯托克斯定律就可求出雾滴的平均半径，进而求出每个雾滴的平均质量。用干燥管收集起这些雾滴并测定干燥管增加的质量，可以求出雾的总质量，然后用静电计测出它们的总电量。于是，就可以求出雾滴的数目以及单个雾滴的平均带电量，也就是每个气体离子所带的平均电量。汤森德测出，$e \approx 3 \times 10^{-10}$ 静电单位。

1899年，汤姆孙采用威尔逊（C.T.R.Wilson）发明的云室，即带电粒子可以作为一个核心使它周围的水蒸气凝成小水滴的方法，测量了阴极射线粒子所带的电荷量与稀溶液电解中一个氢离子所携带的电荷量是相等，测得$e \approx 6.5 \times 10^{-10}$静电单位。后来他用镭射线替代X射线使用多种气体电离进行这个实验，测得$e \approx 3.3 \times 10^{-10}$静电单位。但是这个结果只代表被电离的气体分子所带的电量，还不能直接等于阴极射线粒子的基本电量。

1903年，汤姆孙的另一个研究生H. A. 威尔逊改进上述实验，在云室内放上两块水平的铜板，加上高电压形成电场，观测云层顶端在重力作用下的下降速度以及电力的共同作用下的下降速度。由于带电多的水滴比带电少的水滴下降得更快，所以很容易区分出带电最少的水滴，从而克服了在进行测量时把水滴数当作离子数的缺点。实验测得$e \approx 3.1 \times 10^{-10}$静电单位。

这样，从19世纪末到20世纪初，电子的存在就得到了完全的证据。对于电子电荷最具说服力的测定，是美国物理学家罗伯特·密立根在1906年至1917年进行的，测得$e =$（4.770 ± 0.05）$\times 10^{-10}$静电单位。

12.4　发现电子实验的意义

在大量科学实验的基础上，汤姆孙最终发现第一个基本粒子——电子。电子是19世纪和20世纪之交物理学三大发现之一，它不仅打开了现代物理学研究领域的大门，标志着人类对物质结构的认识进入了一个新的阶段，还有极其重要的哲学意义。这个发现表明，原子也是有内部结构的，它并不是组成一切物质的不可再分的最小单元。这样，探究原子内部就成为世纪之交科学领域中确立起来的具有诱惑力的探索目标。

12.5 "电子之父"——汤姆孙

约瑟夫·约翰·汤姆孙（Joseph John Thomson，1856—1940），英国物理学家，电子的发现者。汤姆孙是第三任卡文迪什实验室主任，以对电子和同位素的实验著称。

图12-6　汤姆孙

1884年12月22日，汤姆孙被剑桥大学评审委员会评为卡文迪什实验室教授，接替瑞利的主任职位。这一结果令所有人大为震惊，因为当时的汤姆孙年仅28岁，并且其他候选人绝大多数都是他在曼彻斯特或剑桥的老师。汤姆孙一生中最主要的贡献，除了精确地测定了电子的质荷比即发现了电子之外，还发明了研究极隧射线时发展起来的质谱分析方法。

鉴于发现电子的卓越贡献，汤姆孙被科学界誉为"一位最先打开通向基本粒子物理学大门的伟人""电子之父"等。1940年8月30日，他在伦敦逝世，享年84岁，他的遗体和牛顿、达尔文、开尔文等著名科学家一起安放在伦敦市中心的威斯敏斯特教堂。

　　值得一提的是，汤姆孙不仅是一位伟大的科学家，还是一位卓越的教育家和科研领导人。他在任卡文迪什实验室主任的34年里，以丰富的实践经验和很强的思维能力来指导学生严格从事科学研究。汤姆孙对学生要求非常严格，要求他们在研究之前，必须学习好所需的实验技术与有关理论，进行研究所用的仪器必须自己动手制作，学生不仅是实验的观察者，更是实验的设计者。在汤姆孙的卓越领导下，卡文迪什实验室成为全世界现代物理研究的一个中心并培养了许多杰出的人才，其中诺贝尔奖获得者就有威尔逊、阿斯顿、布拉格、卢瑟福、查德威克等25人，形成了闻名于世的卡文迪什学派。

（李玉峰）

13

炮弹射向白纸后会反弹吗

——α 粒子散射实验

1897年，汤姆孙发现电子，第一次打开了原子世界的大门，人类发现了比原子更小的物质，原子不可分割的学说被推翻。由此引发了人们的思考：原子内部有带负电的电子，但原子是中性的，因此，原子内部必定还有带正电的物质，这些带正电的物质是怎样分布的呢？电子在原子内部是静止的，还是运动的？正、负电荷之间如何相互作用，怎样才能保持原子的稳定状态？

让我们一起回顾卢瑟福（Ernest Rutherford，1871—1937）100多年前的伟大实验的诞生和发展，体会和感受实验带来的对原子结构认知的革命性突破。

13.1　前人的研究

1896年，亨利·贝克勒尔（H.A.Becquerel，1852—1908）发现铀的放射性现象；1897年，汤姆孙从实验中发现电子，卢瑟福发现放射性的 α 射线和 β 射线；1898年，居里夫人（M.Curie，1867—1934）发现镭的放射性现象；1900年，维拉德（P.U.Villard，1860—1934）发现放射性的第三种射线—— γ 射线；这些发现使人们认识到原子是可分的，原子是有结构的。因此，各国物理学家开始探索原子的内部结构。

1901年，法国物理学家佩兰设想原子的中心是些带电的正粒子，外面围绕着电子，电子的运行周期对应于原子发射光谱线的频率。这一设想就把原子结构跟光谱线联系起来了。

1903年，勒纳德在吸收实验中证明高速阴极射线能穿透几千个原子厚度，这表明原子中大部分空间是什么都没有的，刚性物质占总空间的10^{-9}。所以他设想，由正、负电荷组成的

"刚性配偶体"飘浮于原子空间内。

　　1903年底，日本的长冈半太郎（1865—1950）提出一个"土星型"模型：原子的中心是一个质量大的正电球，外围等间隔分布着的电子以同样的角速度做圆周运动（如图13-1所示）。长冈半太郎还运用麦克斯韦关于土星环运动稳定性的研究，得出了模型中电了的运动方程。但因为没有实验的证明，他的相关研究并不被认可。

图13-1　"土星型"模型

　　当时最有影响的原子模型，是汤姆孙于1904年提出的"电子浸浮于均匀正电球中"的模型。他设想，原子中正电荷均匀、连续地分布在整个原子球中，电子则在正电荷与电子间的引力以及电子与电子间的斥力的作用下浮游在球内，就像葡萄干点缀在一块蛋糕里一样，所以，该模型被称为"葡萄干蛋糕模型"（又称"枣糕模型"，如图13-2所示）。汤姆孙的葡萄干蛋糕模型在当时能够解释很多化学和物理现象，被当时的科学界广为接受。

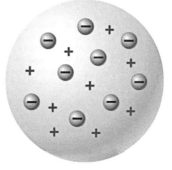

图13-2　葡萄干蛋糕
模型

13.2　卢瑟福对α粒子的研究

　　开始有人推测α射线是中性的，为什么这么说呢？因为他们认为这种射线在磁场的作用下不会发生偏折。然而，卢瑟福在1903年发现α射线的路径在磁场作用下发生了弯曲，并且还发现α射线所带的电荷为正。最初，卢瑟福怀疑由钍原子发射的α粒子与由镭原子发射的α粒子是不同的粒子，因为它们各自的荷质比可能不一样。甚至还有人认为，α粒子在发射时，主要表现出电中性的性质，在发生碰撞后因为抛出了电子而表现出带正电荷。不过，到了1905年，α粒子的真实身份被确立，即α粒子在摆脱镭原子时带电荷；并且假设，即α粒子和氢原子的荷质比相同。如果是这样，则α粒子的质量是氢原子质量的2倍。

为了更好地了解α粒子的"真实身份"，卢瑟福于1903年设计了"电磁偏转实验"。他利用金箔验电器对α粒子进行检测，并确定了α粒子带电。卢瑟福所设计的实验非常巧妙，加上磁场后，α粒子的路径发生弯曲，从而可以确定α粒子的荷质比。实验结果表明，α粒子很可能是氦离子，但对α粒子荷质比的测量尚不准确。

在英国曼彻斯特大学，α粒子之谜仍然吸引着卢瑟福去全力破解。但直到1908年他获得了足够的镭元素时，才对α粒子进行了真正意义上的研究。在助手汉斯·盖革（Hans Geiger，1882—1947，以发明盖革计数器而闻名的德国科学家）的协助下，卢瑟福设计出了计算由镭放射出α粒子数目的方法。通过这个方法，他们算出千分之一克镭每秒能发射出136 000个α粒子。有了方法和数据，卢瑟福算出α粒子的电荷数是氢离子电荷数的两倍，从而证实了α粒子是带电的氦原子核。但是，卢瑟福并没有就此停下，他想得到决定性的直接证据。1908年，工人奥托·鲍姆巴赫造出的能使高速运动的α粒子透射而出却又不漏气的薄壁玻璃管帮了卢瑟福的大忙。这个管子长度为1.5 cm，管壁厚度在0.01 mm以下，管壁对α粒子的阻碍程度大体相当于2 cm的空气层。由于从镭射气及其生成物放出的α粒子在空气中飞越的距离大于2 cm，卢瑟福把辐射气充入其中，把这个玻璃管插入直径为1.5 cm，长度为7.5 cm的真空厚壁玻璃管中。厚玻璃管的上端接小放电管，下端连接水银槽。等到两管之间积存相当多的α粒子后，操作水银槽，使两管之间的液态汞表面升高，把其中的α粒子压入放电管内。当罗伊兹放电管空隙中的物质放出火花时，他们看见了氦元素的光谱。整个实验排除了空气中氦气的影响，并且可以看到光谱随时间而增强，所以可以确定镭射气及它的衍生物放出来的α粒子是氦。此时，卢瑟福执着追求完美的α粒子的奥秘终于揭开了。他们最终得出结论："一个α粒子就是一个氦原子，或者更准确地说，失去正电荷的α粒子就是一个氦原子。如果这样的（α）粒子是不带电的，它就是氦原子。也就是说，α粒子的带电量是两个电子的电量。"

为了更好地阐明测试结果是准确而无误的，卢瑟福将细管内的"镭射气"换成氦气，结果却不能在放电管的光谱得到氦黄线，说明氦原子并不能穿透细管的管壁（尽管只有几个微米的厚度）。由此可以说明α粒子无疑是氦离子，而不是氦原子。

对于放射性的研究，卢瑟福投入了大量精力，紧紧追随前沿的研究进展。卢瑟福在1902年给母亲的信中说："我必须不断努力，因为在我所从事的领域中总有许多人在研究探索，我必须尽可能迅速地发表目前的研究成果。这一领域中最优秀的研究人员是巴黎的贝克勒耳和居里夫妇。在最近几年中，他们就放射性这一课题做了大量而重要的工作。"可见，卢瑟福意识到，必须要紧紧跟随贝克勒耳和居里夫妇的工作。与贝克勒耳和居里

夫妇的研究成果相比，卢瑟福最大的成就是区分了α射线和β射线，并且清楚地解释了α粒子的本质。

13.3 α粒子散射实验

在卢瑟福的指导下，盖革和马斯登于1909年进行了α粒子散射实验，对卢瑟福建立原子核式结构模型起了关键的作用。

13.3.1 实验装置

α粒子散射实验装置如图13-3所示，容器内是真空的，用一铅块R包围着α粒子源，发射的α粒子经一细的通道D后，形成一束射线，打在一片厚度约为0.000 04 cm的金属箔F上。当穿过金属箔的α粒子打到玻璃片上，即涂有硫化锌荧光物质的屏S上时，就会产生微弱的闪光。通过放大镜M观察闪光就可记下某一时间内在某一方向散射的α粒子数。放大镜、荧光屏与外壳制成一体，可以转到不同的方向对α粒子进行观察。

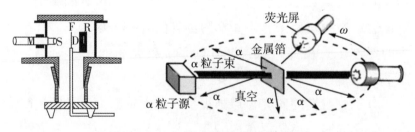

图13-3 α粒子散射实验装置图

13.3.2 实验现象

1909年，卢瑟福与盖革、马斯顿观察到一个重要的现象，α粒子受金属箔散射时，绝大多数像以前所观察到的那样，平均只有2° ~ 3°的偏转，但有$\frac{1}{8000}$的 α 粒子偏转大于90°，其中有的接近180°。

13.3.3   实验解释

根据汤姆孙的葡萄干蛋糕模型，α 粒子经过一定厚度的金箔后，从统计分析的实际结果来看，最多只有1%的 α 粒子偏转角度超过30°，而大角度（90°或90°以上）散射的概率基本上是不可能的。但实验结果表明，约有$\frac{1}{8000}$的 α 粒子发生了大角度散射，甚至有的 α 粒子被倒撞回来（接近180°的大偏转）。用卢瑟福的话来说，"这是我一生中从未有过的最难以置信的事件，它的难以置信就好比你对一张纸射出一发15英寸的炮弹，结果却被反弹回来而打在自己身上"。

很快，盖革与马斯顿发表了他们的 α 粒子散射实验，虽然精确程度是最佳的，但是被散射的 α 粒子中仍然有$\frac{1}{8000}$的粒子散射角度超过了90°。

面对 α 粒子散射实验，从表面上看，卢瑟福是平静的。正如派斯的描述，"卢瑟福感到非要做理论物理学研究不可，因为如果不这样，他就不能解释他自己的或来自他的实验室的实验数据"。一方面，卢瑟福提出新的散射公式，即关于"卢瑟福散射截面"的公式，盖革与马斯顿在1912年底的实验完全验证了该公式。另一方面，卢瑟福初步提出了与汤姆孙不同的原子结构模型——原子核式模型，当然，卢瑟福的散射截面与汤姆孙的散射截面也是不同的。

经过分析，卢瑟福认识到，α 粒子被金属箔散射的事实表明原子系统内存在着强电场，原子应该是密集电力的载体。经过长时间的实验之后，卢瑟福提出，α粒子的散射必须用单原子的碰撞来进行实验，为了获得α粒子大角度散射所需要的强电场，1910年至1911年之间，卢瑟福将原子抽象为"中心电量集中于一点，周围带有异号等量电荷的小球"。按照上面所说的模型，卢瑟福预言，落在偏折角为ϕ的方向、单位面积上的α粒子数与$\operatorname{cosec}^4\dfrac{\phi}{2}$成正比。随后，盖革和马斯顿根据卢瑟福的建议，对α粒子散射实验进行了多次改进，最终在1913年发表了最全覆盖的实验数据，进一步肯定了卢瑟福的理论。

实验用直线的α射线轰击厚度为微米级别的金箔，发现绝大部分的α粒子都照直穿过薄金箔，偏转很小，但有少部分α粒子发生比汤姆孙模型所预言的角度大得多的偏转，大约有$\dfrac{1}{8000}$的α粒子偏转角大于90°，甚至有的偏转角等于150°的散射，这个大角散射更无法用汤姆孙模型说明。卢瑟福对实验的结果进行了分析，提出原子的全部质量和正电荷都集中在原子中心的一个很小的区域，才会有可能出现α粒子的大角度散射。借此，卢瑟福在1911年提出了原子核式结构模型，认为在原子的中心有一个很小的核，叫做原子核（nucleus），原子的全部正电荷和几乎全部质量都集中在原子核里，带负电的电子在核外空间里绕着原子核旋转（如图13-4所示）。由此导出α粒子

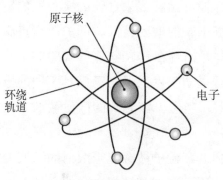

图13-4　卢瑟福原子核式结构模型

散射公式，说明了 α 粒子的大角散射。卢瑟福的散射公式后来被盖革和马斯登改进的实验系统地验证，根据大角散射的数据可得出原子核的半径上限为 10^{-4} m。此实验开创了原子结构研究，推翻了汤姆孙在 1903 年提出的原子的葡萄干蛋糕模型，为建立现代原子核理论打下了基础。

13.4 揭开原子核的奥秘

20 世纪英国物理学的巅峰时期，正是卢瑟福所处的时期，卢瑟福由粒子射线实验提出了原子的核式结构模型，并肯定了高密度原子核的存在，成功打开了原子结构的大门，建立了原子物理和原子核物理学的新领域。因此，后人把卢瑟福称为"近代原子物理学的真正奠基者"。

卢瑟福以散射为手段研究物质结构的方法对近代物理学产生很大的影响。所以在散射实验中观察到卢瑟福散射所具有的性质和特点（即所谓"卢瑟福子"），就能预测研究的对象有可能存在点状的结构。

不仅是上面所说的两点，粒子散射在材料分析领域也有着影响。1967 年，美国发送了一个飞行器到月球上，飞行器内装有一种 α 源，利用 α 粒子对月球表面进行卢瑟福散射，进而对月球表面的成分进行了分析。1969 年从月球取回的样品进行分析的结果与上面的结果基本相符。从那以后，卢瑟福散射被各实验室所采用，成了材料分析的一种手段。按这一原理制造的"卢瑟福谱仪"如今已经成为一种很有价值的仪器。

卢瑟福由 α 粒子散射实验的结果成功地提出原子核式结构模型，此实验还开创了用粒子束散射来研究物质结构的方法。

核式结构模型的提出，使人类对微观世界的认知踏上了一个新台阶。卢瑟福敢于突破传统理论、合理怀疑和批判的治学精神，锲而不舍、求真创新、严谨自信、实事求是的科学态度，对指导科学研究工作以及我们的学习和生活，都是一笔宝贵的财富。

13.5 科学"鳄鱼"——卢瑟福

图13-5 卢瑟福

欧内斯特·卢瑟福（Ernest Rutherford，1871—1937），英国著名物理学家，知名的原子核物理学之父。学术界公认他为继法拉第之后最伟大的实验物理学家。

1871年8月30日，卢瑟福出生于新西兰，后进入新西兰的坎特伯雷学院学习，23岁时获得了三个学位（文学学士、文学硕士、理学学士）。1895年，他在大学毕业后荣获英国剑桥大学的奖学金，从而进入卡文迪什实验室，成为汤姆孙的研究生。1919年，卢瑟福接替退休的汤姆孙，担任卡文迪什实验室主任。1925年，当选为英国皇家学会会长。1931年，受封为纳尔逊男爵。1937年10月19日因病在剑桥逝世，与牛顿和法拉第并排安葬，享年66岁。

卢瑟福在多个领域都取得了巨大的成就。卢瑟福首次提出放射性半衰期的概念，证实放射性涉及从一个元素到另一个元素的嬗变。他又将放射性射线按照其贯穿能力分为 α 射线与 β 射线，并且证明前者是由氦离子组成。因为"对元素蜕变以及放射化学的研究"，他在1908年荣获了诺贝尔化学奖。

1911年，卢瑟福根据α粒子散射实验的结果提出原子核式结构模型，为建立现代原子核理论打下了坚实的基础，被誉为"原子物理学之父"。他也是最先在氮元素与α粒子的核反应里把原子分裂，1919年，卢瑟福用α粒子轰击氮元素原子核，发现质了并预言中子的存在。为了纪念卢瑟福在原子领域的开创性工作，第104号元素命名为"钅卢"。

更可贵的是，他不满足于自己擅长的领域，而是竭尽全力鼓励青年科学家开拓创新。他认为这是科学研究取得重大成果的前提，是不断开辟科学研究新领域的保证。卡文迪什实验室是以核物理为研究中心的，但他却鼓励有才能的卡皮查去研究强磁场、低温物理，让初露头角的阿普顿去研究大气电现象。正是由于他善于引导青年科学家发挥创造性，开辟新领域，使这个研究集体一直在科学前沿阵地拼搏。在卢瑟福的悉心培养下，他的学生和助手中有多人获得了诺贝尔奖，他们是索迪（1921）、玻尔（1922）、查德威克（1935）、郝维希（1943）、哈恩（1944）、阿普顿（1947）、布莱克特（1948）、鲍威尔（1950）、科克劳夫特和沃尔顿（1951）和卡皮查（1978）。此外，还有大批一流专家活跃在原子能、核物理、宇宙学、大气物理、超导、量子物理等方面，这在科学史上是绝无仅有的。

值得一提的是卢瑟福的"鳄鱼"精神。1930年，卢瑟福说服英国皇家学会，从蒙德（L. Mond）的遗赠中拨出15 000英镑，专门为来自俄国的卡皮查建造一个从事强磁场和低温研究的实验室，取名为蒙德实验室，由卡皮查担任实验室主任。蒙德实验室门口的墙上有一幅鳄鱼的浮雕赫然在目，这是卡皮查以他独特的方式向他的导师卢瑟福表示敬意。

　　为什么是"鳄鱼"？卡皮查解释道："在俄国，鳄鱼是一家之父的象征，令人赞赏和敬畏，因为它有直挺挺的脖子，无法回头。它只是张着嘴，一往直前——就像科学，就像卢瑟福一样。"鳄鱼，就是卢瑟福科学精神的象征。

（张艳燕）

14

左跟右
是对称的吗

——宇称不守恒实验

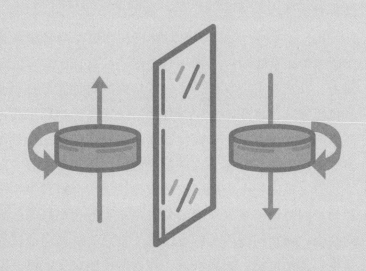

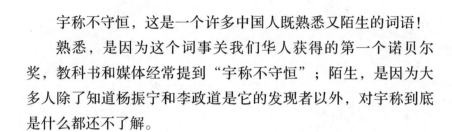

宇称不守恒，这是一个许多中国人既熟悉又陌生的词语！

熟悉，是因为这个词事关我们华人获得的第一个诺贝尔奖，教科书和媒体经常提到"宇称不守恒"；陌生，是因为大多人除了知道杨振宁和李政道是它的发现者以外，对宇称到底是什么都还不了解。

14.1　宇称是什么

所谓"宇称"，可以粗略地理解为"左右对称"或"左右交换"，按照这个理解，所谓"宇称不变性"就是"左右交换不变"，或者"镜像与原物对称"。在物理学中，对称性具有更为深刻的含义，指的是物理规律在某种变换下的不变性。

我们都知道物理学中存在着许多守恒定律，如能量守恒、动量守恒、角动量守恒、电荷守恒、奇异数守恒……然而这些守恒定律的存在并不是偶然的，它们是自然规律具有某种对称性的结果。1918年，德国数学家艾米·诺特（Emmy Noether，1882—1935）把对称性和守恒律两者联系起来，提出著名的诺特定理："物理学里的连续对称性和守恒定律一一对应。"诺特定理宣称，每一个这样的对称性都有一个相关的守恒定律，反之亦然。"对称性"是凌驾于物理规律之上的自然界基本规律。宇称守恒定律就是基于在某种变换条件下的不变性提出来的，譬如：人进行投篮时，在其前面放一面镜子，人用左手投出一个篮球，这个篮球投出后会按照牛顿运动定律运动，同时镜子里面呈现的是人用右手把这个篮球朝另一个方向投出，现在问题的关键是：镜子里面的篮球运动过程是否满足牛顿运动定律？如果满足，那我们按照定义就可以说牛顿运动定律在镜面反射对称下具有不变性，也就是具有宇称不变性，那这个物理过程就满足宇称守恒。当然，我们看镜内镜外物理规律性完全相同。再如我们在镜子前面放置一台机械钟，可以发现镜子前钟的指针是顺时针旋转，而镜像里钟的指针是逆时针旋转，虽然方向不同，但两个钟的快慢却是一致的，都遵从相同的规律，也就是说，力学规律对于镜像反演不变，具有空间反演不变性。同样，麦克斯韦方程组和薛定谔方程都具有空间反演不变性。在相当长的一段时间内，物理学家们笃定地认为，所有自然规律在这样的镜像反演下都保持不变。

特别要指出的是，物理学家说的"镜"并不等同于现实生活中的镜子。量子力学里微观粒子会有自旋现象，那么如果两个粒子的电性、质量等几乎所有的物理性质相同，但是自旋的方向刚好相反，就称这两个微观粒子互为镜像，如图14-1所示。

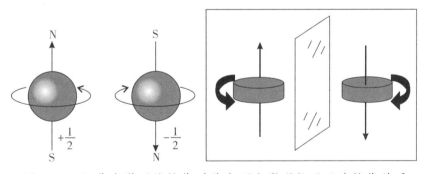

图14-1　经典力学下的镜像对称和两个微观粒子互为镜像关系

在量子力学中微观粒子的状态用波函数 ψ 表示，波函数是随时间和空间坐标而变化的，如果用 $\psi(r, t)$ 描述了一个状态，则定义 $\psi(-r, t)$ 所描述的状态为原来状态的空间反射态。一般来说，$\psi(-r, t)$ 是不同于 $\psi(r, t)$ 的另一个函数，但对于某些状态的波函数，$\psi(-r, t)$ 与 $\psi(r, t)$ 之间只相差一个常数因子。即 $\psi(r, t) = a\psi(-r, t)$。为了描述这种与空间反演对称性相联系的物理量，美国科学家埃吉·魏格纳（Eugene Wigner）于1927年提出"宇称"这一概念，宇称（Parity）是表征微观粒子的波函数在空间反射（反演或镜像）变换下的变换性质的一个物理量。魏格纳是最早指出这种描述原子的波函数在空间反演变换下具有不变性的。由 $\psi(r, t) = a\psi(-r, t)$，因为一个空间反演态的空间反演态还是原来本身的状态（简单说就是犹如数学中"负负得正"的原理），所以 a 因子的自乘必须是1，它本身就只有两种可能的取值，即 ± 1，也就是说任一宇称固定的态都要满足 $\psi(r, t) = \pm\psi(-r, t)$。当等式右边前面的符号为正时，称 ψ 的宇称为"偶"；符号为负时，宇称为"奇"。用一句话解释就是，类似数学函数有奇函数和偶函数，宇称也有奇宇称和偶宇称。

有了以上概念后，根据左右对称性就可引申出"宇称守恒定律"，表述如下：

由许多粒子组成的体系，不论经过相互作用发生什么变化（包括可能会使粒子数发生的变化），它的总宇称保持不变，即若原来为正，相互作用后仍为正；若原来为负，相互作用后仍为负。

该定律也可以描述为宇称的奇偶法则：

偶+偶＝偶

奇+奇＝偶

若一个体系是由两个各有偶宇称的小体系组成，那么这个体系也是偶宇称的，由两个奇宇称的小体系形成的大体系也是偶宇称。反之，一个偶宇称的粒子体系衰变成两个粒子时，这两个粒子要么都是偶宇称，要么都是奇宇称。这便是宇称的奇偶法则。

这一法则在许多情况下都是正确的，如在强相互作用和电磁相互作用下。绝大多数的物理学家都认为宇称守恒定律就如其他守恒定律一样，在所有的物理现象中都是成立的，虽未经实验检验，但也认为宇称守恒定律在弱相互作用下同样成立。

那么宇称在什么情况下又会不守恒？宇称的不守恒为什么会让科学界如此震惊，以至于杨振宁和李政道在1956年6月刚提出宇称不守恒，第二年的诺贝尔物理学奖就"迫不及待"地颁给了他们？第一个通过实验证明"宇称不守恒"的人又是谁？背后又有着怎样的故事呢？

14.2　"θ−τ 之谜"

故事要从"θ−τ 之谜"说起。1947年，物理学家罗切斯特（Rochester）和巴特勒（Butler）在研究高能宇宙射线和探测器中铅板之间的相互作用时，从宇宙线的云雾室照片中发现了一种新的粒子，该粒子呈中性，且很快衰变为两个 π 介子。后来科学界把这个过程的初态粒子称为 θ 粒子，其衰变过程记作：

$$\theta^+ \to \pi^+ + \pi^0$$

1949年，鲍威尔（Powell）又利用新的乳胶技术，得到了一个粒子衰变为三个 π 介子过程的照片，他与合作者为这个新粒子起名为 τ，其衰变记作：

$$\tau^+ \to \pi^+ + \pi^+ + \pi^- \text{ 或 } \tau^+ \to \pi^+ + \pi^0 + \pi^0$$

θ 粒子与 τ 粒子及其他一些新粒子的发现在当时有相当重

要的意义，因为它们具有原先没有料想到的特点，因而被称作"奇异粒子"。弄清奇异粒子的性质在理论上和实验上都引起了物理学家极大的兴趣。

根据宇称的奇偶法则，θ粒子衰变为两个π介子，由于π介子具有奇宇称，通过"奇+奇=偶"可知，θ粒子应具有偶宇称；τ粒子则衰变为三个π介子，通过"奇+奇+奇=奇"可知，τ粒子具有奇宇称。可见，θ粒子和τ粒子宇称不同。然而精密的测量表明它们质量相等，电荷相同，寿命也一样，似乎是同一种粒子，可是它们衰变的产物却不相同。

令科学家们纠结的是，倘若承认θ和τ是不同的粒子，但他们的物理性质又都一模一样；倘若承认θ和τ是同种粒子，θ粒子和τ粒子的宇称又不相等。破坏宇称守恒在当时是不可想象的，科学家们不愿意放弃整体微观粒子世界的宇称守恒。毕竟宇称守恒在当时被视为神圣而不可动摇的金科玉律，且已经有严格的实验证实了电磁力、引力、强力作用下的物质遵守宇称守恒。为什么θ和τ两种粒子的其他性质相同，唯独宇称不同？K介子的衰变属于弱相互作用，难道在弱相互作用下宇称不守恒吗？物理学家们陷入了迷惘和思索之中。这就是摆在粒子物理学家面前的一个著名的矛盾，被称为"θ－τ之谜"，这"恼人"的矛盾将由谁来揭开？

14.3 大胆地假设

为了揭开"θ－τ之谜"，物理学家们争论不休，绝大多数的物理学家希望在不违背宇称守恒的前提下解开这个谜团，但是，杨振宁与李政道却没有盲从，他们以惊人的勇气与胆识对宇称守恒的普遍性提出怀疑。

1956年夏天，杨振宁与李政道一起查阅了所有关于"宇称守恒"的实验论文后，得出和一般人相反的结论，虽然在强相互作用和电磁相互作用中宇称守恒为实验所证实，但是在弱相互作用过程中宇称守恒定律仅仅是一个被推广的"假设"而已，并没有被实验证实过。他们大胆地断言：θ和τ是完全相同的一种粒子（后来被称为K介子），但在弱相互作用中，它们的物理规律却不一定完全相同，即弱相互作用中宇称不守恒！他们向实验物理学家提出建议，用β衰变（即中子变成质子时放出一个电子的现象，是典型的弱相互作用）实验来验证他们的推测。杨振宁与李政道合作的论文于1956年10月在美国《物理评论》杂志发表后，立即引起了世界物理学家的关注，震惊了物理学界。许多人表示不可置信，号称"世界上最后一个全能的物理学家"朗道就曾公开批评过那些质疑宇称守恒的想法。

图14-2 右为杨振宁，左为李政道

为了验证自己的想法，李政道找到了当时世界上 β 衰变领域最权威的专家之一华裔物理学家吴健雄，她当时任教于哥伦比亚大学。李政道向她解释了高能物理中K介子的"θ－τ之谜"，并讲述其原因可能是宇称不守恒。假如宇称不守恒，β 衰变实验一定可以验证，但当时想请一位实验物理学家来验证宇称是否守恒可不是那么简单的事。实验物理学家考虑的是：是否值得去做一个实验来验证宇称是否守恒？杨振宁和李政道虽然提出了几个具体的实验方案，但是这些实验都非常困难，并且，在当时的物理学家眼里，宇称守恒是绝对可靠的，做这样的实验几乎等于白费精力。著名物理学家泡利在听说吴健雄决心做这个实验后，说他愿意下任何赌注来赌宇称一定是守恒的，后来他自己也开玩笑说幸好没有人跟他赌，不然他就得破产了。可见吴健雄要做的这个实验是多么不被看好。

14.4 勇敢地验证

图14-3 工作中的吴健雄

吴健雄作为一个资深的物理学家，深知自己将要面对一个巨大的困难，但正是这种高难度激起了她的探索精神和挑战心理。吴健雄全然不理会费曼、泡利、朗道等物理"大神"的质疑，全力支持杨振宁和李政道的想法。她不仅要做实验，还要迅速地做、赶快地做，要赶在其他实验物理学家意识到这个实验的重要性之前做出来。为此，她取消了去日内瓦参加高能物理会议的行程，也取消了去东南亚的演讲旅行，果断开展实验。

怎么去检验？当时吴健雄和李政道讨论了很多方案，吴健雄提出用^{60}Co来设计实验。假定有两个^{60}Co装置，它们的初态是完全一样的，都没有极化。对它们施加强度相同但方向相反的电流使之极化，由于电流方向相反，两个^{60}Co的极化方向也就相反，这就使它们的原子状态互为镜像。假定两个^{60}Co装置的其他初态条件是完全一样的，衰变会放出电子，通过观察这两个^{60}Co在衰变中向两边发射电子的数目是否对称，来确定宇称是否守恒。若发射电子的数目与外加电流的左右方向无关，则宇称守恒；否则宇称不守恒。

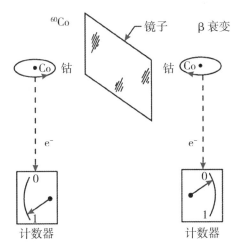

图14-4 吴健雄验证宇称不守恒
实验设计方案

吴健雄^{60}Co极化核β衰变实验具体如下：

①实验的基本思想：

一种相对简单的方法是测定来自极化核β衰变的电子的角

度分布。假设 α 是电子的动量与定向母核之间的夹角，电子在 α 与 $180° - \alpha$ 之间分布的不对称是 β 衰变中宇称不守恒的明确证据。

②主要的材料：

^{60}Co；电子计数器（电子计数器安装的方向与定向母核的方向平行或者相反）。

③衰变反应式：

$$^{60}\text{Co} \rightarrow {}^{60}\text{Ni} + \text{e}^- + \nu_\text{e}$$

④技术准备：

通常情况下，原子核是非极化的，即核的自旋杂乱无章。为此，必须外加磁场使核极化，保证核的自旋有序；低温（0.01 K以下）保存极化核（样品）。

⑤实验过程分析：

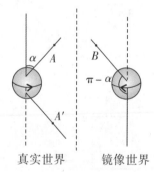

图14-5 真实世界与镜像世界

如图14-5所示，如果左、右对称有效，那么真实世界的A点与镜像中的B点测得的电子数应一样多。B点对于核自旋的方位相当于真实世界中的A'点。所以，若对称成立，A点与A'点测得的电子数也一样。而B点（或A'点）又相当于磁场反向时的A点，所以，只需在两种磁场方向下的A点各测一次即可。

⑥实验结果：

吴健雄及同事发现，出射角 α 大于90°的电子比小于90°的电子多40%，从而有力地证明了李政道和杨振宁的预测。

这个实验中极化技术是核物理实验技术和超低温技术的结合，吴健雄任教的哥伦比亚大学没有仪器，但当她打听到华盛顿国家标准局有这种仪器，毅然去500公里以外的华盛顿做实验。1956年冬，她每周都要穿梭于华盛顿和纽约之间，带领一个四人小组，利用当时最先进的设备，夜以继日地努力，她通常一夜只睡4个小时。

凭着深厚的理论素养和高超的操作能力，她最终用实验发现了^{60}Co极化核 β 衰变的不对称性，从而证明了"弱相互作用中宇称不守恒"！

吴健雄以无可争辩的实验事实证明了弱相互作用中宇称不守恒的结论。她的成功，再次说明了科研的成功不仅需要科学家具备高超的专业技能，更需要用顽强的毅力和非凡的决心去探索未知事物。

吴健雄等人将他们的实验结果发表在1957年2月的《物理学评论》上，该论文篇幅仅有两页，却是用实验验证宇称不守恒的传世之作。同年，李政道、杨振宁获得1957年诺贝尔物理学奖。遗憾的是吴健雄并没有因此而获得诺贝尔物理学奖。但是，她的贡献举世瞩目，她也被誉为世界上最杰出的女性物理学家之一、"核物理实验女王"、"东方居里夫人"。

14.5 "对称与对称破缺"的哲学思考

杨振宁、李政道与吴健雄关于"宇称不守恒"这一理论及其验证的重要性在于他们推翻了30多年间一直被奉为物理学基本规律的宇称守恒定律，将其降级为只适用于强相互作用和电磁相互作用的一般规律，由此导致了在基本粒子领域中取得的各种实质性进展。在此之后，人们又发现了其他方面的不守恒现象。宇称不守恒并非一个局部性的理论发展，它影响了整个物理学界的方方面面，是囊括分子、原子和基本粒子物理等方面的一个重大革命。关于"对称与对称破缺"，我们不妨进一步进行思索。

第一，对称的破缺创造了宇宙。

自从宇称守恒定律被杨振宁和李政道打破后，科学家们又发现了在弱相互作用中电荷共轭不守恒等其他的不守恒现象。粒子和反粒子的行为并不是完全一样的！一些科学家进而提出，正是物理定律存在轻微的不对称，使得粒子的电荷不对称，才导致宇宙大爆炸之初生成的物质比反物质略多了一点点，而大部分物质与反物质都湮灭了，剩余的物质才形成了今天所认识的世界。如果物理定律严格对称，宇宙大爆炸之后应当诞生数量相同的物质和反物质，但正反物质相遇后就会立即湮灭，那么，星系、地球乃至人类就都没有机会形成了。正如居里夫人所说："非对称创造了世界。"

第二，对称破缺是大自然和谐运转的法则。

对称性反映不同物质形态在运动中的共性，但对称性的破坏才能使其各具特性。正如德国哲学家莱布尼茨所说，世界上没有两片完全相同的树叶。仔细观察树叶中脉（即树叶中间的主脉）的细微结构，你会发现就连同一片叶子两边的叶脉数量和分布、叶缘缺刻或锯齿的数目和分布都是不同的。科学研究还发现，不对称原生质的新陈代谢活动能力，比起左右对称的化学物质至少要快3倍。不对称性是生命的动力，是物质发展和演化之魂，它创造了物理世界多样化的演化模式，推动着大自然的和谐运转。

第三，对称性与对称破缺的辩证统一。

对称性赋予自然界统一的共性，使整个自然界和谐有序；而对称的破缺则赋予自然界差异，打破了对称性平衡、静止、稳定、单调和不变的原有秩序，使自然界多姿多彩、充满活力。这犹如中国传统文化的太极图，对称中又蕴含不对称，对称与不对称共荣共生、和谐统一。现实世界的存在和演化正是对称性与对称破缺的辩证统一。

14.6 "东方居里夫人"——吴健雄

吴健雄（1912—1997），生于上海，原籍江苏太仓，美籍华人，核物理学家，在β衰变研究领域具有世界性的贡献，被誉为"东方居里夫人"。吴健雄是美国物理学会（APS）历史上第一位女性会长，曾参与过曼哈顿计划，是世界最杰出的实验物理学家之一。吴健雄于1934年从台湾"中央大学"物理系毕业并获

图14-6　吴健雄

得学士学位，于1940年从美国加州大学伯克利分校毕业并获博士学位。1952年，吴健雄任哥伦比亚大学副教授，1958年升为教授，同年当选为美国科学院院士，1975年获美国最高科学荣誉——国家科学勋章。1994年吴健雄当选为中国科学院首批外籍院士。吴健雄的主要学术工作是用β衰变实验证明了在弱相互作用中的宇称不守恒。该成果奠定了吴健雄世界一流实验物理学家的地位，许多著名科学家都为她没有因该项成就同杨振

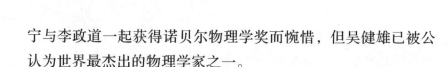

宁与李政道一起获得诺贝尔物理学奖而惋惜，但吴健雄已被公认为世界最杰出的物理学家之一。

1973年，周恩来总理在接见吴健雄及其丈夫袁家骝时说道："你们是华人中杰出的代表，为世界的科学做出了贡献，是我们华人的骄傲，是全世界华人的骄傲。"1997年2月16日，吴健雄因中风去世。叶落归根，她的骨灰被安葬于苏州太仓。墓碑上有这样一句话："她是卓越的世界公民，和一个永远的中国人。"1990年中国科学院紫金山天文台把一颗国际编号为2752的小行星命名为"吴健雄星"。如今，吴健雄已经离世多年，但我们依然能感受到她的"光芒"。这位伟大的女性，正如星星一样恒久闪烁着，不仅照亮自己的人生，也照亮着这个世界。

她的风采，她的贡献，不可磨灭。

（余建刚）

15

上帝掷骰子吗

——电子双缝干涉实验

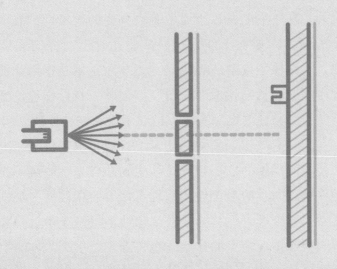

量子力学的经典——电子双缝干涉实验证明了电子具有波的典型特征之一的干涉现象，从而说明电子同时具有波动性和粒子性，该实验也是量子力学迄今为止最重要的实验。1974年意大利米兰大学的皮尔·梅丽团队用电子双棱镜模拟双缝干涉，发现即使在每次只发射一个电子的情况下，依然可以出现与电子双缝干涉相同的现象。2013年美国内布拉斯加大学林肯分校罗杰·巴赫（Roger Bach）的物理实验团队被认为是真正完成了单电子双缝实验。正如费恩曼所说，电子的双缝干涉实验包含了量子力学的唯一奥秘。

15.1　奠定量子力学的基础

1905年，爱因斯坦进一步发展了普朗克的能量子假说，提出光量子假说，1923年康普顿散射实验证明光量子假说是正确的。在不同的条件下可以观察到光的粒子性或波动性的某一个方面，比如在干涉、衍射实验条件下，光的强度分布像"波"；在原子发射或吸收光、光与物质相互作用条件下，光与物质间的能量交换像"粒子"。因此，光量子理论把光看作具有波粒二象性的物质实体，把粒子性和波动性统一起来。

在光具有波粒二象性的启示下，德布罗意仔细研究了光的微粒说与波动说的发展历史，注意到几何光学的最小光程原理与经典质点力学的最小作用原理有很大的相似性。根据这一相似性做类比推理，他认为波粒二象性不仅是光子这一静止质量为零的特殊微观粒子的性质，也是静止质量不为零的实物粒子的性质，是一切微观粒子的共性。这就是与实物粒子有联系的物质波，1924年，德布罗意提出了物质波假设。

三年后，通过两个独立的电子衍射实验，德布罗意的方程被证实可以用来描述电子的量子行为。在阿伯丁大学，乔治·汤姆孙将电子束照射穿过薄金属片，观察到了预测的干涉样式。在贝尔实验室，克林顿·戴维森和雷斯特·革末将低速电子射入镍晶体，取得电子的衍射图样，结果符合理论预测。

1927年，维尔纳·海森堡提出海森堡不确定性原理，他表明：

$$\Delta x \cdot \Delta P \geqslant \frac{h}{4\pi}$$

其中，Δ表示标准差，一种不确定性的量度，x、p分别是粒子的位置与动量。

海森堡原本将他的不确定性原理解释为测量动作的后果：准确地测量粒子的位置会搅扰其动量，反之亦然。他还给出了一个思想实验范例，即著名的海森堡显微镜实验，来说明电子位置和动量的不确定性。这个思想实验是以德布罗意假说为基础去论述的。但是现今，物理学者认为，测量造成的搅扰只是粒子不确定性的一部分解释，不确定性存在于粒子本身，是粒子内在固有的属性，在测量动作之前就已存在。

15.2　双缝实验的前世今生

15.2.1　杨氏双缝干涉实验

在19世纪初叶，科学界对于光到底是波还是粒子存在泾渭分明的两种观点。1801年，一位年仅24岁的英国医生做了一个实验，引起了科学界的轰动，为光的波动说提供了有力的证据。

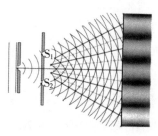

图15-1　杨氏双缝干涉
实验图

1801年，托马斯·杨做了一个观察干涉现象的实验，就是现在所谓的杨氏双缝实验，如图15-1。让太阳光透过一个红色的滤光镜，再穿过一张开了一个小孔的纸，这样就形成了一个比较集中的"点"光源；在纸后面再放置第二张纸，并在上面开出两道平行的狭缝。在屏上就可以观测到一系列明、暗交替的条纹，这和水面上两道涟漪相遇而形成的纹路一样。干涉现象是波特有的，如果出现干涉条纹就证明光是一种波。

托马斯·杨在论文中提出光的干涉定律："凡是同一光线的两部分沿不同的路程进行，而且方向准确地或接近于平行，那么当光线的路程差等于波长的整数倍时，光线互相加强……"这里他第一个明确提出波长、光程的概念和相干光这一名词。因此，光波到了两道狭缝处，形成了两个波源。当上边出来的波峰与下边出来的波峰相遇的时候，强强叠加，就会变得更加明亮；而当上边出来的波峰与下边出来的波谷相遇的时候，相互抵消，就显得暗，从而在屏幕后面形成明暗相间的干涉条纹。

这个实验是演示光的干涉现象的经典实验，无可辩驳地证明了光是一种波。

15.2.2　弱光的双缝实验

杨氏双缝实验一百年之后，又有一位23岁的年轻人重做了这个实验，也引起了学术界的轰动。这位年轻人叫杰弗里·泰勒，他研究了爱因斯坦的光量子论文，接受光是一种粒子的理论。

他在光源后加了一层烟熏玻璃，使光的强度变得非常低，以至于可以把到达双缝的光看作一个个光子，如图15-2所示。这个弱光双缝实验，后来被解读为单光子双缝实验，好比用一把"光子枪"，把光子一个一个地朝着双缝发射。因为是非常弱的光，要在感光屏幕上留下光影，就需要很长的曝光时间，所以整个实验历时三个月，而光屏上记录下来的是类似于杨氏双缝实验的干涉条纹。

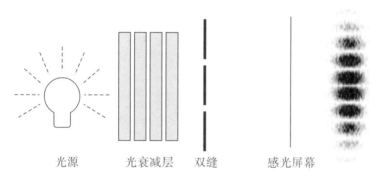

光源　　　　光衰减层　双缝　　　　感光屏幕

图15-2　杰弗里·泰勒的弱光双缝干涉实验

请注意，这里的细节和重点是：光子是"一个接着一个"发射的，入射光束的强度降低到可以认为在任何时间间隔内，平均最多只有一个光子被发射出来，所以也叫单光子双缝实验。明明是一个个发射出去的光子，怎么会产生类似于波干涉条纹的现象呢？难道是光子在穿过缝隙的时候，"神奇"地一分为二，变成了两个带有"波"特性的东西，自己和自己发生了干涉？

1924年，德布罗意出来"打圆场"了，他认为光既是粒子又是波，具有"波粒二象性"。不仅光是如此，电子也是如此，所有的微观粒子都具有波粒二象性。

1926年，为了描述微观粒子的"波"的特性和微观粒子的状态随时间变化的规律，天才物理学家薛定谔研究出了一组波函数方程——薛定谔方程。通过求解薛定谔方程，就可以得到"波函数"，即能得到微观粒子系统的状态。1926年，玻恩解释了薛定谔方程的"波函数"对应的物理意义。在玻恩看来，光子不是确凿的粒子，而是某一时刻在某一点附近发现粒子的概率；光子在穿过缝隙的时候，确实"神奇"地变成了两个带有"波"特性的东西，而这个"波"既然是概率波，那么就既可以出现在这一条缝，又可以出现在另一条缝，自己和自己发生了干涉。

15.3 电子双缝干涉实验

15.3.1 费曼：理想单电子双缝实验

在弱光（单光子）双缝实验50多年之后，美籍物理学家、诺贝尔物理学奖获得者费曼在1961年提出用电子来做双缝实验，如图15-3所示。让电子枪一个一个地发射电子，通过双缝

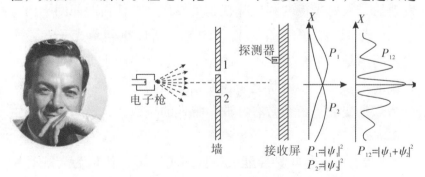

图15-3 美国物理学家费曼和他的理想实验

后，屏幕上会得到干涉条纹。最左侧为电子枪，1和2为两条狭缝。当只开启缝1或者缝2时，电子穿过狭缝打到后面的接收屏上的分布曲线分别是P_1和P_2，当两条缝都开启时，接收屏上电子的分布曲线不是P_1和P_2的简单相加，而是如P_{12}一样，用公式表示$P_{12}=|\psi_1+\psi_2|^2$。

由于这个实验需要缝隙和间距在纳米量级（10^{-9} m），当时的技术条件不能实验，所以只是一个思想实验。

15.3.2 琼森：电子束双缝干涉实验

1961年，德国科学家琼森（Claus Jönsson）将一束电子（注意是一束，而不是单个电子）加速到50 keV，让其通过缝宽为5×10^{-5} m、间隔为2×10^{-6} m的双缝，当电子束通过双缝撞击到荧光屏时，出现了干涉条纹，如图15-4所示。这个实验类似于杨氏双缝实验，但使用的是电子束而不是光。

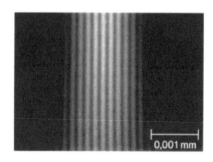

图15-4　琼森和电子束双缝干涉实验

15.3.3 梅里：单电子双缝实验

1974年，意大利科学家梅里等人用"单电子"来实验，并用一种和双缝有类似功能的电子器件进行研究实验。在双缝的入口安装了极高清的摄像头，可以直接观察到电子的运动情

况，以此拍摄单个的电子是如何同时穿过"双缝"而形成干涉。让电子有间隔地、一个一个发射出去（如图15-5所示），然后，在荧屏上记录电子的位置。当电子一个一个地累积起来的时候，最终的图像显示了干涉条纹。

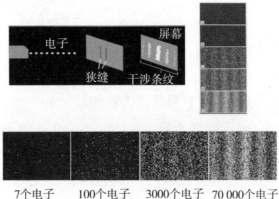

图15-5　梅里教授单电子双缝实验

　　梅里的实验依然是将电子一个一个地发射，然后通过监视器观看电子的运动情况。梅里惊讶地发现：原本预想的探测器上很多相互干涉的条纹不见了，电子直线地通过双缝，并且留下了两条平行、对应的亮纹。梅里实在想不出其中的原因，于是他将摄像头关闭，又重新进行了一次实验，这次探测器上却出现了很多相互干涉的条纹，梅里再将摄像头开启，探测器上又变成了两条平行对应的亮纹。简单地说就是当用摄像机看电子的时候，干涉条纹竟然消失了。不看的时候，干涉条纹又出现了。反复如此，不论谁做，在什么地方做，结果都一样。

　　因此，梅里得出以下结论：

　　结论一，当单个电子一个一个通过双缝后会形成干涉，说明单个电子有波属性。

结论二，当观测电子时，干涉消失，表现为粒子属性。

梅里很疑惑，自己的实验与以前科学家们的电子双缝干涉实验几乎没有任何差别，仅仅只是在前人实验装置的基础上安装了一个摄像头而已，这一行为并没有干预实验的进行，却影响了实验结果。

15.3.4 真正实现单电子双缝干涉

而真正实现费曼提出的单电子双缝实验的，是科学家罗杰·巴赫等人在2013年做的实验。实验中双缝的宽度为62 nm，中心间隔272 nm。在这个实验中，两个狭缝都可以随意机械式地打开和关闭，最重要的是，它具备一次检测一个电子的功能。

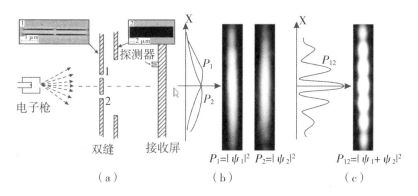

图15-6 罗杰·巴赫团队真正单电子双缝实验

该实验的电子源强度很低以至于每秒仅约一个电子被观测到，这保证每次仅单个电子将穿过双缝，经过长达两个多小时的实验，实验结果出人意料，最终实验图像显示的依然是类似于杨氏双缝实验干涉条纹。

15.3.5　实验解释

单电子具有波的性质，通过自相互作用，发生干涉。

哥本哈根学派的波尔提出互补性原理，他认为电子既是一种粒子，也是一种波。哥本哈根学派的波恩则提出概率解释，他认为只能知道粒子出现在某个位置的概率是多少，但无法确定粒子本身在哪里，除非你观测它。

这种"概率性"的解释，以及"电子同时具有波动性和粒子性"的观点是爱因斯坦等人无法接受的，因为这会推导出一个结论，即宇宙可能并不存在一个确定性的客观规律，但这与决定论是相违背的。于是，爱因斯坦在和玻尔的一次辩论中说道："上帝不掷骰子。"

15.4　量子力学的基石

单电子双缝干涉实验结果证明电子也具备"波粒二象性"，它既是粒子，又是波，而电子的位置和概率则由薛定谔的"波函数"方程决定。在对电子进行观察的时候，"波函数坍缩"在屏幕上显示为一个点的电子。

该实验在整个量子力学的发展过程中，都是科学家们绕不过的实验。著名的物理学家费曼曾经在他的著作《费曼物理学讲义》中这么评价双缝干涉实验："双缝干涉实验展现出的量子现象绝对不可能以任何经典物理学的方式来进行解释，它包含了量子力学的核心思想和量子力学唯一的奥秘。"

15.5　物理学家的梦魇

从1801年的杨氏双缝光干涉实验到2013年的单电子双缝实

验，一个简简单单的双缝，间距只有几厘米甚至几十纳米，却前后跨越了两百多年，见证了光的波动性的涟漪、波粒二象性的神奇、薛定谔方程的美妙和量子力学的石破天惊。可以毫不夸张地说，正是双缝让我们得以初窥微观粒子世界的奇妙。

科学家们也一直在设计实验，想要搞清楚到底是什么引起"坍缩"，测量手段本身在其中起了什么作用，平行宇宙是否存在，量子纠缠到底是怎么回事等。通过探索这些未解之谜，科学家或许会对爱因斯坦"上帝不会掷骰子"的观点做出回应。

（杨成忠）

参考文献

[1] 张国宪. 对"热功当量的测定"一文的意见[J]. 物理通报，1956（2）：116–117.

[2] 秦祝浩. 关于热功当量测定的实验[J]. 物理通报，1958（5）：308–311.

[3] 汪世清. 焦耳对热功当量的测定[J]. 物理通报，1958（10）：586–587，615.

[4] 陈其荣，潘笃武. 电子的发现[J]. 自然杂志，1980（9）：689，699–702.

[5] 朱培豫. 迈克耳孙–莫雷实验和爱因斯坦的狭义相对论 [J]. 物理与工程，1981（2）：12–14.

[6] 郭奕玲，沙振舜. 迈克耳孙–莫雷实验的前前后后[J]. 大学物理，1982（11）：21–27.

[7] 俞文光，刘德功，姜冠亭，等. 迈克耳孙–莫雷实验[J]. 黑龙江大学自然科学学报，1984（1）：20，60–62.

[8] 李明良，周镇宏. 有关评价迈克耳孙–莫雷实验的几个问题[J]. 云南师范大学学报（自然科学版），1985（2）：30-34.

[9] 沙摩斯. 物理学史上的重要实验[M]. 史耀远，等译. 北京：科学出版社，1985：204-225.

[10] 威廉·弗朗西斯·马吉. 物理学原著选读[M]. 蔡宾牟，译. 北京：商务印书馆，1986：218-227，315-322.

[11] 宋德生. 从阴极射线的争议到电子的发现[J]. 物理，1987（5）：311-316.

[12] 广重彻. 物理学史[M]. 北京：求实出版社，1988：44-48.

[13] 宋德生. 赫兹夺魁实验：纪念电磁波发现100周年[J]. 科学，1988（3）：220-222.

[14] 陈钟钱. 用APPLE-Ⅱ模拟演示α粒子散射实验[J]. 物理实验，1993（02）：61-62.

[15] 杨振宁. 对称与物理[J]. 自然杂志，1995（10）：27.

[16] 郁忠强. 从电子的发现看科学实验：纪念汤姆孙发现电子一百周年[J]. 现代物理知识，1997（1）：2-6.

[17] 李政道. 吴健雄和宇称不守恒实验[J].科学，1997（9）：38.

[18] 曹肇基. 电子的发现：争论出真知[J]. 物理，1997（12）：45-49.

[19] 吴政. 两种玻意耳定律实验装置的比较[J]. 物理教师，1998（1）：28.

[20] 李伟. 验证玻意耳定律实验的改进[J]. 物理实验，1998（5）：18.

[21] 王琦. 认识电子[J]. 大学物理，1999（5）：29-34.

[22] 任淑霞. 用日光做光的色散实验的现象分析及改进[J].物理教师，1999（6）：24.

[23] 秦克诚. 邮票上的物理学史"非汉字符号"：电子的发现[J]. 大学物理，2001（9）：47-49.

[24] 薛凤家. 电子的发现和研究[J]. 物理与工程，2003（5）：52-56，59.

[25] 蒋长荣，王骁勇，刘树勇. 爱因斯坦与布朗运动[J]. 首都师范大学学报（自然科学版），2005（3）：28-32.

[26] 钱长炎. 赫兹发现电磁波的实验方法及过程[J]. 物理实验，2005（7）：33-38.

[27] 郭奕铃，沈慧君. 物理学史[M]. 北京：清华大学出版社，2005：96.

[28] 耿建. 对称与不对称：哪个更根本[J]. 现代物理知识，2007（10）：33.

[29] 姚启钧. 光学教程[M]. 北京：高等教育出版社，2008：9-60.

[30] 陆光华. α粒子散射实验应该搞清楚的几个问题[J]. 物理教师，2008（8）：17.

[31] 崔卫国，徐锐. 用DIS系统验证玻意耳定律实验的误差分析[J].物理实验，2008（9）：19-20.

[32] 杨榕楠. α粒子散射实验中的一个疑难问题[J]. 物理教师，2009，30（2）：29-30.

[33] 葛松华，唐亚明. 光的色散实验研究[J]. 实验科学与技术，2009（6）：21-22.

[34] 胡化凯. 物理学史二十讲[M]. 合肥：中国科学技术大 学出版社，2010：288-293.

[35] 丁弗·卡约里. 物理学史[M]. 戴念祖，译. 北京：中国人民大学出版社，2010.

[36] 王晓义，李欣欣. 从 α 粒子的发现到散射实验：纪念 α 粒子散射实验100周年[J]. 物理教学，2010，32（1）：2-4.

[37] 郝柏林. 布朗运动理论一百年[J]. 物理，2011，40（1）：1-7.

[38] 武际可. 称量地球的人：卡文迪许的万有引力实验[J]，物理教学，2012（2）：79.

[39] 杭庆祥. 伽利略为什么要做双斜面实验[J]. 物理教学，2012（5）：30-31.

[40] ROGER BACH. Controlled double-slit electron diffraction[J]. New J. Phys，2013（15）.

[41] 马艳华. 解读伽利略的斜面实验[J]. 物理教师，2014（5）：68-69.

[42] 陈晓斌，许忠艳. 卡文迪许与两个平方反比定律的渊源[J]. 物理教学，2015（1）：76.

[43] 袁振东，司雅红. 电子的发现与化学键电子理论的发展[J]. 化学教育，2016，37（24）：77-81.

[44] 王璐珠. 寓史于教寓探于学："电子的发现"教学设[J]. 物理教师，2016（11）：15-18.

[45] 顾恺. 再现电子的发现过程，展现批判性思维的魅力[J]. 物理教学，2017，39（6）：2-4.

[46] 周权. 伽利略斜面实验的再现方法[J]. 物理教师，2018（2）：72-74.

[47] 杨君，丁庆红. 关于伽利略斜面实验的思考[J]. 物理教师，2018（6）：59-62.

[48] 常炳功. 时空阶梯理论对双缝实验的解释：延迟选择量子擦除实验的本质[J]. 现代物理，2019（6）：247-262.

[49] 黎扬飞，郑永青，洪陈超，等. 利用手机压强传感器开展玻意耳定律实验[J]. 物理实验，2020，40（4）：62-64.

[50] 周伟波. 基于Sampson模型实施科学论证教学：以"卢瑟福α粒子散射实验"为例[J]. 物理教学，2019，41（6）：21-22，37.

[51] 姬扬. 单原子的双缝干涉实验[J]. 物理，2020（3）：181-183.

后记

物理实验之美

　　自然之美有许多，有人赞叹于高山的险峻美，有人歌咏于大海的辽阔美，也有人为科学之美沉醉着迷。韦伯斯特大学词典中的美的定义是"一个人或一种事物具有的品质或品质的综合，它能愉悦感官或使思想或精神得到愉快的满足。物理之美是简洁的美、是对称的美、是和谐的美、是统一的美。简洁的物理学方程式是造物者的诗篇，物理学家是理性的注释者。他们用纯粹而简洁的语言，带领探索者们，勾勒时间的形状，摸索万物的规律，解开自然的奥秘。

　　本书从物理实验的视角窥见物理之美，其中多数实验以最简单的仪器和设备，发现了最根本、最单纯的科学概念和规律，解决最本质的物理问题，使得人们长久的困惑顷刻间一扫而空，对自然界的认识顿时清晰明朗。每个重大实验巧妙构思和精密设计都令我们惊叹和折服。每一个重大实验在物理学史上具有里程碑的意义，它们犹如一座山峰耸立，它们或巍峨，或秀美，或奇绝，无不展示物理学之美。简单、对称、和谐是物理学之美，而物理实验之美学则体现在现象之美、设计与方法之美、结论之美。

第一，现象之美。它包括物理观察的自然现象美和物理实验展现的现象美。物理观察的自然现象，比起传统的自然美来说，涉及的广度和深度要大得多，比如星系的漩涡结构、行星的椭圆结构，物质的晶体、分子、原子等物质层次结构图。对自然现象进行重构的物理实验也展现了很多现象美，比如光经过棱镜或光栅展示的多色光谱，展现了简单有序美；还有双缝干涉条纹呈现对称分布，平面镜成像的物像对称以及点电荷电场的球对称所体现的对称美。这些实验的图景，是在感性范围内可以体验的美感，这些现象具有对称、简洁、和谐等特点。

第二，设计与方法之美。物理实验设计与方法之美表现为实验指导思想的创造性、实验设计的新颖性、实验技术和操作过程的艺术性：其一，对称性是现代物理学的重要思想，实验物理学家对这种美学形式更加宠爱有加。法拉第从对称性中得到启发：既然电可以生磁，那么磁一定也可以生电，才符合自然界的对称美。经过10年的艰苦努力，他终于验证了电与磁之间存在对称美的设想。其二，使用最简单的仪器和设备，发现了最根本、最单纯的科学概念。比如傅科摆证明地球自转实验：1851年，法国科学家傅科在公众面前做了一个实验，用一根长220英尺的钢丝将一个62磅的下方带有铁笔的铁球悬挂在屋顶下，观测记录它前后摆动的轨迹。周围观众在发现钟摆每次摆动都会稍稍偏离原轨迹并发生旋转时，无不惊讶。如果地球自转，那么摆锤将会因重力、惯性等各方面因素的影响，使运动轨迹发生偏离。傅科的演示说明地球是在围绕地轴自转。其三，物理学史上的诸多实验，堪称物理世界的艺术精品，闪耀着艺术的光辉。比如吴健雄教授以其非凡的实验技能，为验证弱相互作用下的宇称不守恒做了验证实验，实验的难度令很多实验物理学家望而却步。

第三，结论之美。物理实验结论与理论的和谐统一是物理实验美的突出体现，只有理论和实验和谐统一，物理学的新理论才能被科学界所接受和应用。比如1865年麦克斯韦创立了电磁场理论并预言了电磁波的存在，这在当时遭到很多物理学家的质疑。1886年赫兹用实验证实了电磁波的存在，验证了电磁场理论，导致了无线电的产生，促进了电报、无线电广播、电视等先进通信技术的产生，具有划时代的意义。

"原天地之美，达万物之理"是所有物理人的永恒追求。自然原理、自然规律隐匿于迷雾之中，人类为探寻科学之光，以科学实验为钥匙，打开通往光明之路，拨开云雾，获得真知。"境自远尘皆入咏，物含妙理总堪寻！"让我们一起透过本书窥见物理之美，追寻这些科学巨人们的足迹，仰望、思考、前行。

鉴于本书作者水平有限，本书难免有错漏之处，恳请读者批评指正，最后特别感谢广东教育出版社的李朝明总编辑、唐俊杰编辑等提出的宝贵意见和进行的细致修改。愿大家畅游物理，格物致知。

李玉峰　余建刚

2023年11月